Nistkästen und Futterstellen rund ums Jahr

Inhalt

Vorwort	4
Materialkunde	6
Werkzeuge und Hilfsmittel	7
Methoden und Techniken	11
Kleine Krabbler	14
Residenz für Marienkäfer	16
Feudale Hummelherberge	20
Kleine Bienenhochburg	26
Zarte Schmetterlingsunterkunft	30
Internationales Insektenhotel	34

Clevere Kerlchen	38
Eichhörnchen-Snackbar	40
Nistkasten für Nachtschwärmer	44
Winterquartier für Igel	48
Eichhörnchen-Imbiss	52
Gästehaus für Stachelbewohner	56

Putzige Piepmätze	60
Wohlfühlnest für den Nachwuchs	62
Höhlenbrüter-Domizil	66
Häuslichkeit für Nesthocker	70
Für hungriges Federvieh	74
Anflugstelle für Nimmersatte	78
Vogel-Diner	82
Für hungrige Besucher	86
Delikater Augenschmaus	88
Leckerei zum Anbeißen	90
Feiner Kuchenschmaus	92
Kleinigkeit für Zwischendurch	94

Vorlagen	96
Buchempfehlungen	126
Impressum	128

Vorwort

Eichhörnchen, Schmetterlinge, Bienen und Vögel – sie alle sind regelmäßige Besucher in unseren Gärten, um dort sowohl zur Ruhe zu kommen als auch auf Nahrungssuche zu gehen. Leider ist beides in unserer aufgeräumten, modernen Welt heutzutage zunehmend nicht mehr ganz so einfach und so sind die Tiere vielerorts sommers wie winters auf die Unterstützung des Menschen angewiesen. Ob Nistkästen für piepsende Dauergäste, Domizile für Igel, Fledermaus und Insekten oder Futterstellen für Eichhörnchen – dieses Buch liefert Ihnen das nötige Knowhow und viele Ideen und Anregungen, um artgerechte und nicht zuletzt schöne Unterkünfte und Futterstellen für tierischen Besuch jeglicher Art zu bauen. Neben exakten Bauplänen finden Sie hier auch hilfreiche Hinweise rund um das richtige Material, den perfekten Standort sowie zur Pflege der Bauten.

Wir wünschen Ihnen viel Freude beim
Werken und Beobachten der Tiere!

Materialkunde

DAS RICHTIGE HOLZ

Alle Bauten sollten ausschließlich aus trockenem, ungehobeltem und unbehandeltem Holz hergestellt werden. Gut geeignet sind Nadelhölzer, z. B. Fichten-, Kiefer- oder Tannenholz: Dieses ist witterungsbeständig, besitzt gute Isoliereigenschaften und lässt sich gut verarbeiten. Wenn Sie nur gehobelte Bretter zur Hand haben, sollten Sie unbedingt zumindest das Innere der Nistkästen extra aufrauen.

Holzbretter in der gewünschten Größe können Sie sich im Baumarkt, in einer Holzhandlung oder in einer Schreinerei zuschneiden lassen. Sie erhalten hier außerdem bereits in Form gebrachtes Holz wie z. B. Rundholzstäbe. Achten Sie beim Kauf auf Umweltsiegel oder zertifiziertes Holz. Besonders empfehlenswert ist FSC-Holz, das die Kriterien einer nachhaltigen Waldwirtschaft erfüllt; fragen Sie Ihren Schreiner oder Fachhändler danach.

Sperr- und Leimholz oder Spanplatten sollten für den Bau der Tierdomizile möglichst nicht verwendet werden, da sich aufgrund der Verleimung für die Tiere schädliche Dämpfe entwickeln können. Allenfalls können kleine Holzteile, die nur dekorativen Zwecken dienen, aus Sperr- oder Leimholz angefertigt werden. Sie müssen aber damit rechnen, dass dieses Material keine lange Lebensdauer aufweisen wird.

DIE RICHTIGEN FARBEN

Für welche Farbe Sie sich auch entscheiden: Das Innere der Bauten sollte stets unbehandelt bleiben. Verwenden Sie keine Lacke oder Holzschutzmittel, da das Holz dann nicht mehr atmen kann und giftige Dämpfe in das Innere des Häuschens gelangen können, die den Tieren schaden. Auch sollte darauf geachtet werden, dass die Häuschen nicht in grellen Farben bemalt werden, da diese eine irritierende Wirkung auf potentielle Besucher haben könnte. Gut geeignet sind warme, gedeckte Töne oder Pastellfarben.

Werkzeuge und Hilfsmittel

DER ARBEITSPLATZ

Wichtig für ein sicheres Arbeiten ist ein stabiler Holztisch bzw. eine Werkbank. Eine günstige Alternative zur Werkbank ist die selbst gebaute Version aus zwei Tischböcken und einer schweren Holzplatte. Für diejenigen, die eine Werkbank zum Arbeiten schätzen, aber nur wenig Platz haben, hält der Fachhandel eine große Auswahl an platzsparenden zusammenklappbaren Modellen bereit.

MESSWERKZEUGE

Mit dem Zollstock können Sie Holzplatten und Bretter ausmessen und eckige Formen anzeichnen. Statt eines Zollstocks kann auch das Rollenmaß verwendet werden. Noch genauer als die ersten zwei misst der Stahlmaßstab, der eine Halbmillimetereinteilung hat.

DIE EINSPANNVORRICHTUNG

Einige Werkbänke sind bereits mit einer Einspannvorrichtung ausgestattet. Für kleinere Werkstücke ist z. B. eine mobile Einspannvorrichtung hilfreich. Sie kann an verschiedenen Untergründen bis zu 8 cm Stärke angeschraubt werden. Der Schraubstock eignet sich zum Einspannen von kleinen Werkstücken und für die Holzbearbeitung mit Feile und Raspel. Zum Fixieren des Werkstücks beim Bearbeiten benötigen Sie mindestens zwei Schraubzwingen. Sie sind mit unterschiedlich langen Stahlschienen erhältlich.

Mit dem Anschlagwinkel können rechte Winkel überprüft und angezeichnet werden. Zum Anreißen drücken Sie den kürzeren Teil des Werkzeugs – den Anschlagblock – an die Werkstückkante und fahren mit einem Bleistift an dem langen Schenkel entlang. Zirkel sind unerlässlich, um Kreise sowie runde oder geschwungene Formen zu zeichnen.

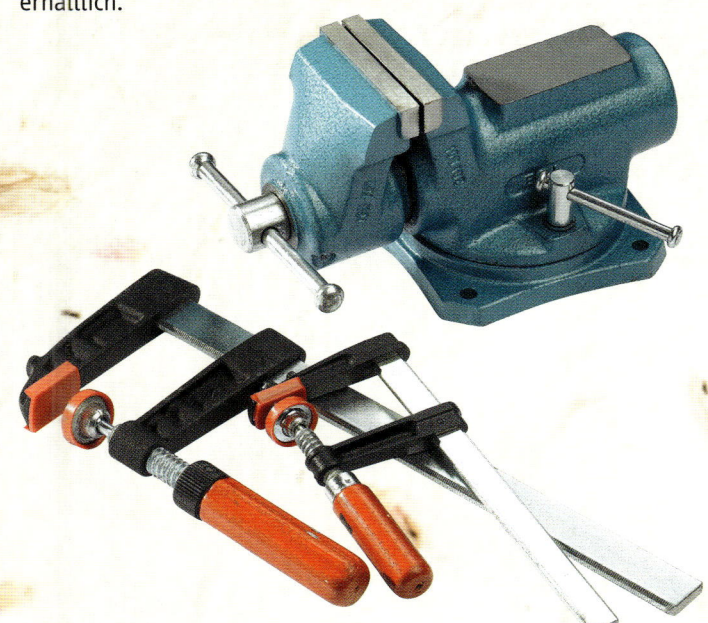

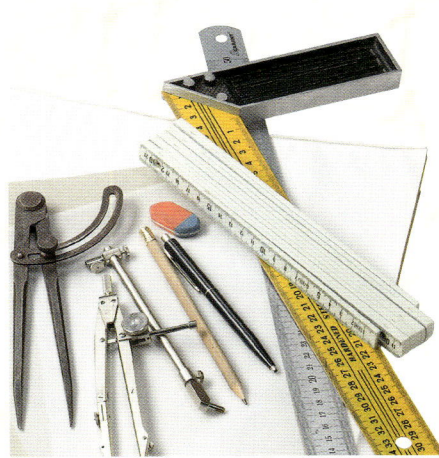

BOHRMASCHINE, BOHRSTÄNDER UND BOHREINSÄTZE

Mit einer Bohrmaschine bzw. einem Akku-Bohrschrauber lassen sich schnell und ohne Kraftanstrengung Löcher bohren. Auch Schrauben lassen sich mit dem Akku-Bohrschrauber leicht eindrehen: Setzen Sie dafür entsprechend den Herstellerangaben in das Futter der Maschine den Bithalter ein und wählen den Bit passend zum Schraubenschlitz aus. Er wird einfach nur aufgesteckt und haftet durch Magnetkraft.

Als Bohreinsätze sind Spiralbohrer aus Hochleistungsstahl zu empfehlen. Spiralbohrer sind meistens Universalbohrer, d. h. sie können für Holz, Kunststoff oder Metall verwendet werden.

Spezielle Holzspiralbohrer haben eine Zentrierspitze und sogenannte Vorschneider. Diese verhindern, dass der Bohrer im Bohrloch verrutscht. Holzspiralbohrer sind ab einer Größe von 4 mm erhältlich, für kleinere Löcher können Sie Universalbohrer verwenden.

FORSTNERBOHRER

Zum Bohren und Sägen der Einfluglöcher eignen sich besonders gut der Forstnerbohrer und die Lochsäge. Forstnerbohrer sind sehr dicke Bohrer mit Durchmessern von 12 bis 100 mm. Im Gegensatz zu Spiralbohrern haben sie nur eine kurze Spitze und kein Bohrgewinde.

LAUBSÄGE

Mit der Laubsäge wird Sperrholz bis zur Stärke von ca. 1 cm gesägt. Die Schnitte sind sehr fein und die Säge eignet sich dadurch gut für filigrane Arbeiten.

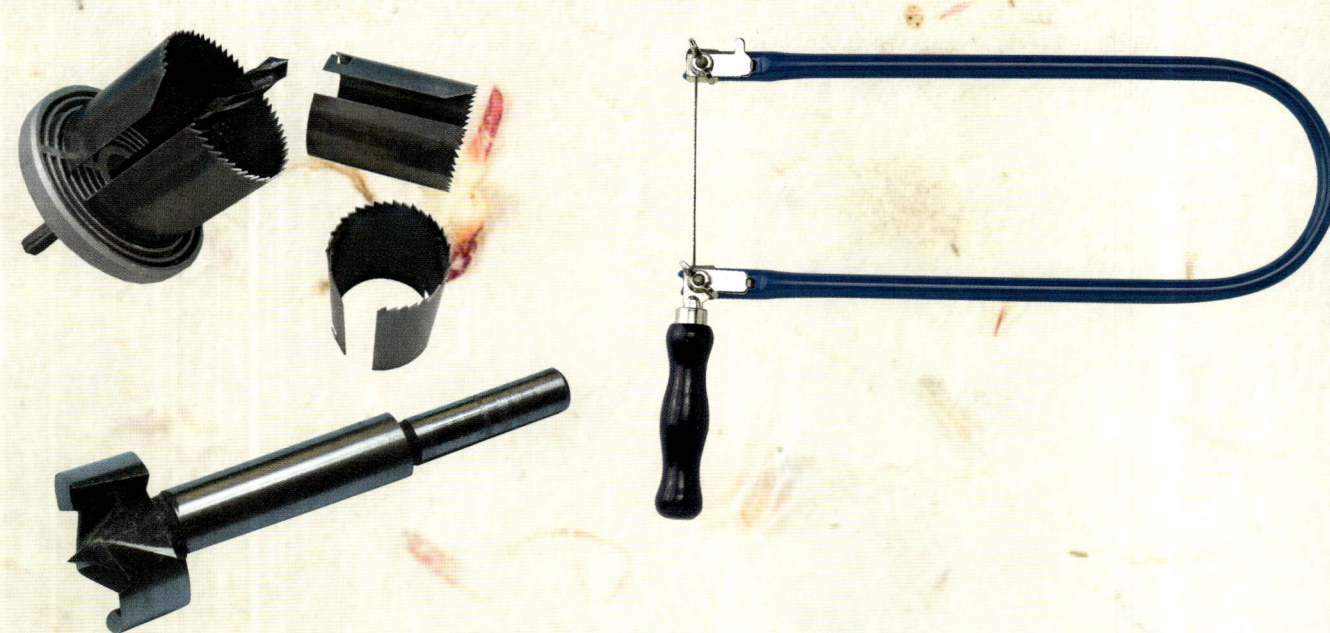

DEKUPIERSÄGE

Zum Zusägen von Holz bis zu einer Stärke von 2,5 cm eignet sich eine Dekupiersäge sehr gut. Sie kann wie die Laubsäge für ganz enge Kurven und eckige Formen eingesetzt werden.

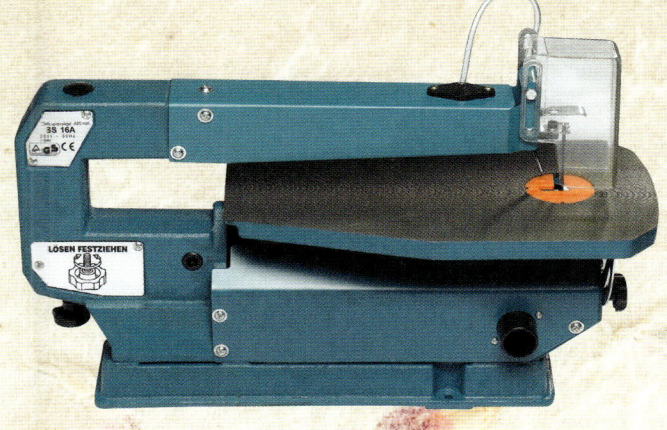

KREISSÄGE

Die Kreissäge ist besonders geeignet für exakte Formatzuschnitte. Durch die Verstellung des Sägeblattes auf 45° kann man präzise Gehrungsschnitte am Werkstück durchführen.

STICHSÄGE

Die Stichsäge eignet sich gut zum Sägen von Massivholz oder größeren Sperrholzteilen. Neben Holz, das sie bis zu einer Stärke von 5 cm durchtrennen kann, können mit speziellen Sägeblättern auch Metall und Kunststoff bearbeitet werden.

SCHRAUBENDREHER UND SCHRAUBEN

Schraubendreher sind in unterschiedlichen Längen und mit verschiedenen Schneidenformen, z. B. Kreuzschlitz oder Längsschlitz, erhältlich. Die Kreuzschlitzschraubendreher verwenden Sie z. B. für Spanplattenschrauben, abgekürzt Spaxschrauben genannt.

Spaxschrauben haben ein dünnes, selbstschneidendes Gewinde und können deshalb mit etwas Kraftaufwand auch ohne Vorbohren ins Holz gedreht werden.

Standard-Holzschrauben sind dicker als Spaxschrauben und haben einen Schaft. Für sie müssen in jedem Fall Löcher vorgebohrt werden, sonst spalten sie das Holz. Die Senkkopfschraube kann durch das Bohren eines trichterförmigen Loches in die Holzoberfläche versenkt werden und bildet so eine ebene Fläche.

HAMMER, NÄGEL UND KNEIFZANGE

Für Nagelverbindungen, die nach dem Bearbeiten nicht mehr sichtbar sind, werden Senkkopf- oder Stauchkopfnägel verwendet. Für sichtbare Verbindungen können Sie Senkkopf-, Flachkopf- oder Rundkopfnägel nehmen. Wählen Sie verzinkte Nägel oder Rundkopfnägel aus Messing, denn diese sind rostgeschützt.

Wenn Sie Nägel mit einem größeren Durchmesser verwenden, empfiehlt es sich, wie beim Schrauben ein Loch vorzubohren, sonst kann der Nagel das Holz sprengen.

Krumm geschlagene Nägel können mit einer Kneifzange wieder aus dem Holz gezogen werden. Mit der Kneifzange können Sie Nägel auch kürzen: Halten Sie dafür den Nagel am Kopf mit einer Kombizange fest und kneifen das unnötige Stück vom Stift ab.

FEILE, RASPEL UND DRAHTBÜRSTE

Die Raspel wird zum groben Abtragen des Holzes verwendet. Zur feineren Bearbeitung von Werkstücken nehmen Sie am besten eine Feile. Mit einer Drahtbürste können z. B. gehobelte Bretter auf einer Seite aufgeraut werden – diese Seiten sind später die Innenwände des Nistkastens.

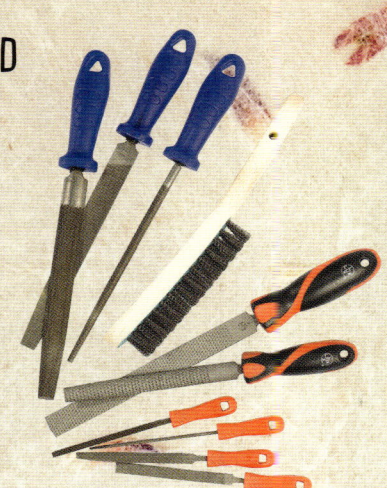

SCHLEIFPAPIER

Für den allerletzten Schliff verwenden Sie Schleifpapier, auch Schmirgelpapier oder Sandpapier genannt. Schleifpapier gibt es in unterschiedlichen Körnungen. Zum Vorschleifen verwenden Sie grobes (60er bis 100er), für den Feinschliff mittleres (120er bis 180er) und vor dem Bemalen oder Lackieren feines bis sehr feines Schleifpapier (ab 200er).

PINSEL

Flachpinsel haben einen kurzen breiten Strich und eignen sich gut zum Aufmalen von Flächen. Mit dem Pinselrand können auch feine Striche gezogen werden.

Kleine Rundpinsel verwenden Sie zum Arbeiten von Details, z. B. um feine Striche zu ziehen.

Zum Lasieren größerer Flächen wird ein Flächenpinsel aus Synthetikfasern oder Schweinsborsten verwendet.

Methoden und Techniken

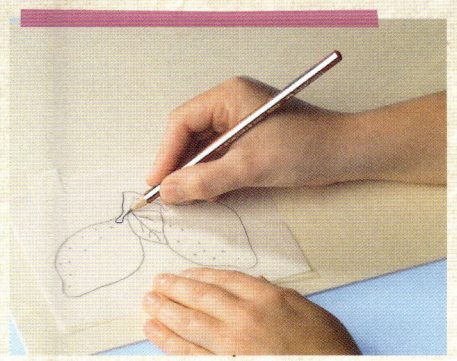

VORLAGEN ÜBERTRAGEN

Zu jedem Modell finden Sie im Vorlagenteil Skizzen aller Einzelteile, mit Originalmaßen versehen. Rechteckige und quadratische Teile können Sie den angegebenen Maßen entsprechend zusägen. Für kleinere Deko-Elemente und formgebundene Einzelteile ist es hilfreich, eine Schablone anzufertigen. Dafür die Vorlagen mit dem angegebenen Kopierfaktor vergrößern, auf Transparentpapier abpausen, auf Pappe kleben und ausschneiden. Die so entstandene Schablone dann auf das Holz legen und mit einem Bleistift umfahren.

HOLZ SÄGEN

Sägen mit der Laubsäge

Sägen mit der Dekupiersäge

Löcher bohren
Zum Einsetzen der Säge zunächst ein Loch in die Innenfläche bohren. Sie können dafür Handbohrer oder Elektrobohrer verwenden.

Innenflächen aussägen
Jetzt führen Sie das Sägeblatt durch das Loch: Dazu das Sägeblatt aus dem oberen Klemmfutter lösen, von unten durch das Bohrloch führen und wieder verspannen.

Drücken Sie das Werkstück fest auf den Sägetisch und führen Sie die Säge senkrecht und locker von oben nach unten durch das Holz.

Außenkanten sägen
Zum Aussägen von Außenkanten drücken Sie das Werkstück gut auf den Sägetisch und bewegen die Säge locker auf und ab, ohne sie zu schieben. Gesägt wird bei genauen Schnitten direkt neben der vorgezeichneten Linie im Abfallholz.

Löcher bohren
Zum Aussägen von Innenflächen bohren Sie Löcher in das Abfallholz. Damit die Sägeblätter gut eingefädelt werden können, sollte das Loch nicht zu klein sein (ca. 6 mm Durchmesser).

Innenflächen aussägen
Das Sägeblatt aus der oberen Halterung lösen, von unten durch das ins Werkstück gebohrte Loch fädeln und wieder einspannen. Drücken Sie das Holz beim Sägen fest nach unten und führen Sie es mit wenig Druck gegen das Sägeblatt.

Sägen mit der Stichsäge

Löcher bohren

Die auszusägende Fläche anzeichnen und ein ausreichend großes Loch in den Ausschnitt bohren. Dafür eignen sich Elektrobohrer gut.

Werkstück aussägen

Das Werkstück mit Schraubzwingen auf der Arbeitsplatte befestigen, das Sägeblatt durch das Bohrloch fädeln, einspannen und die gewünschte Fläche aussägen.

Da die Stichsäge nur begrenzt gelenkig ist, empfiehlt es sich, bei engen Kurvenschnitten Löcher vorzubohren oder einen Entlastungsschnitt zu machen. Dafür die Säge ausschalten, aus dem ersten Schnitt herausziehen, dann die Säge unter einem anderen Winkel wieder ansetzen und auf den bereits vorhandenen Schnitt zusägen.

Sägen mit der Kreissäge

Werkstück aussägen

Bei der Ausgangsplatte sollte man in der Länge und Breite jeweils etwas Material zugeben. Man hat dadurch die Möglichkeit, einen „sauberen" Anschnitt anzubringen und danach das Fertigmaß zuzuschneiden.

Für die exakten Breitenzuschnitte ist der Parallelanschlag da; der Quer- bzw. Längsanschlag ist für die Längenzuschnitte vorgesehen.

SCHRAUBEN

Schraube eindrehen

Zum Eindrehen der Schraube wird diese in das vorgebohrte Loch gesteckt oder leicht ins Holz gedrückt. Sie muss senkrecht stehen. Dann wird der Schraubendreher aufgesetzt.

Das Bohrloch muss ca. ein Drittel kleiner als der Schraubendurchmesser sein und darf nur drei Viertel der Schraubenlänge betragen.

Hinweis: Achten Sie bitte darauf, dass die Nägel und Schrauben an keiner Stelle ins Innere der Bauten ragen, da sonst Verletzungsgefahr für die Tiere besteht.

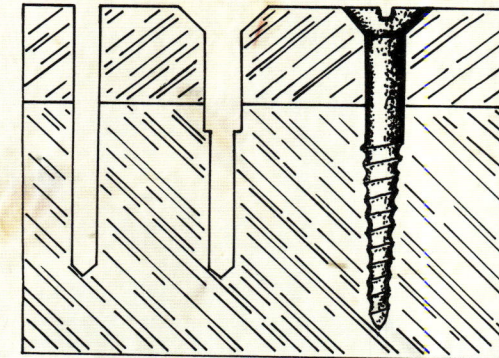

Zweimal vorbohren für Standard-Holzschrauben

Klassische Holzschrauben haben einen größeren Durchmesser als Spax-Schrauben und brauchen ein eingebohrtes Führungsloch. Das durchgehende schmalere Führungsloch ist ca. zwei Drittel der Schraubenstärke groß und etwa 5 mm kürzer als die Schraube. Mit einem Bohrer im Durchmesser des Schraubenschaftes wird der obere Teil des Loches in der Länge des Schraubenschaftes noch einmal vergrößert.

Dieses Loch wird Spanloch genannt und es dient dazu, dass die Schraube nicht stecken bleibt oder das Holz ausreißt.

Löcher ansenken

NAGELN

Nagel schräg einschlagen

Die Länge des Nagels richtet sich nach der Stärke der beiden Holzteile. Er sollte so lang sein, dass sich ein Drittel im oberen und zwei Drittel im unteren Holzstück befinden.

Die Verbindung hält besser, wenn Sie die Nägel nicht gerade ins Holz einschlagen, sondern mal zu der einen, mal zu der anderen Seite gekippt. Damit das Holz nicht reißt, schlagen Sie die Nägel nicht in die gleiche Holzfaser, sondern leicht versetzt ein.

BEMALEN

Vor dem Bemalen die Lasur oder Farbe gut umrühren, z. B. mit einem Holzstäbchen. Dann das jeweils unbehandelte Holzstück mit einem weichen Pinsel in Faserrichtung lasieren. Dabei stets zügig und ohne Unterbrechung arbeiten, um Ansätze zu vermeiden. Für ein dunkleres, satteres Farbergebnis die Lasur einfach ein zweites Mal auftragen.

> **Hinweis:** Nur die Außenseiten der Bauten bemalen. So wird vermieden, dass die Tiere mit eventuellen Ausdünstungen der Lasur in Kontakt kommen.

Holzschrauben, wie Linsen- oder Rundkopfschrauben, werden zu dekorativen Zwecken verwendet und ihre Köpfe schließen nicht eben mit der Holzoberfläche ab. Für Senkkopfschrauben aber wird der Rand des Bohrloches mit einem Krauskopfbohrer angesenkt, d.h. trichterförmig vergrößert, sodass der Schraubenkopf hineingleiten kann. Entgraten Sie das Bohrloch einige Millimeter tief, bis die Trichterform des Schraubenkopfes entsteht.

Kleine Krabbler

Marienkäfer, Bienen, Schmetterlinge, Hummeln und Co. – sie alle sind nicht nur nützliche Schädlingsbekämpfer, sondern auch fleißige Helferlein, die mit dazu beitragen, Pflanzen zu bestäuben und damit auf ganz natürliche Art und Weise dem Garten Gutes zu tun. In diesem Kapitel finden Sie viele tolle Insektenhotels jeglicher Art, mit denen Sie kleine Krabbler in Ihrem Garten willkommen heißen.

Residenz für Marienkäfer

MOTIVHÖHE: 28 CM

1 Übertragen Sie alle Bauteile gemäß der Vorlage auf das Fichtenleimholz und sägen Sie sie aus. Die Leisten ebenfalls wie angegeben zusägen.

2 Nun die Bohrung für die Aufhängung mit dem Kreisschneider auf der Rückwand (B) des Hauses an der vorgegebenen Stelle ausführen (ø 1,5 cm).

MATERIAL

› Fichtenleimholzbretter, gehobelt, 1,8 cm stark
  Vorderwand (A): 15 cm x 22,3 cm
  Rückwand (B): 19 cm x 27,7 cm
  Seitenwand (C): 2x 12 cm x 29,5 cm
  (davon 1x seitenverkehrt)
  Boden (D): 8,5 cm x 15 cm
› Holzleiste, 1 cm x 1 cm, 50 cm lang
› Reisigmatte, 15 cm x 63 cm
› Lasur in Pistazie
› Eukalyptusöl
› Holzleim
› 13 Spaxschrauben, ø 3,5 mm, 3,5 cm lang
› 2 Spaxschrauben ø 2,5 mm, 1,2 cm lang
› 6 Stahlnägel, ø 1,2 mm, 2 cm lang
› Stahlkrampen, ø 1,6 mm, 1,6 cm lang
› Schraubhaken, ø 4 mm, 3 cm lang
› Bohrer, ø 2 mm, 3 mm, 4,5 mm und 8 mm
› Kreisschneider, ø 1,5 cm
› Schleifpapier, mittlere Körnung
› Raspel
› Feile
› Astschere

› Vorlage Seite 96–97

3 Schrägen Sie die Teile für das Dach (C) und den Boden (D) wie auf der Vorlage eingezeichnet mit einem Deltaschleifer, einer Raspel und einer Feile ab. Danach alle Kanten mit dem Schleifpapier glätten.

4 Sägen Sie jetzt die Eingangsschlitze in die Hausvorderseite (A). Bohren Sie dafür in jede der eingezeichneten Flächen ein Loch in das Holz (ø 8 mm), führen Sie das Sägeblatt der Dekupiersäge hindurch und spannen Sie das Blatt wieder ein. Dann die Schlitze aussägen und die Kanten schleifen. Anschließend das Loch für den Schraubhaken an der markierten Stelle vorbohren (ø 4,5 mm) und diesen eindrehen.

> **Der richtige Standort:** Stellen Sie das Häuschen in Südostrichtung an einen sonnigen bzw. halbschattigen Ort und idealerweise in die Nähe von Pflanzen, die gerne von Blattläusen befallen werden. Es sollte zudem vor Regen geschützt stehen. Eine Reinigung des Hotels ist nicht notwendig.

5 In die Bodenfläche (D) auf der breiten vorderen Längsseite an der markierten Stelle ebenfalls ein Loch (ø 3 mm, 2 cm tief) bohren, damit der Schraubhaken später in die Bodenplatte greift.

6 Jetzt die Leisten an den angegebenen Stellen auf die Dachinnenseiten (C) leimen und mit jeweils drei Nägeln zusätzlich fixieren.

7 Den Boden (D) zwischen den Dachseiten (C) fixieren. Danach die Rückwand (B) bündig an den Dachkanten befestigen. Die Dachspitze mit den zwei kleineren Spaxschrauben zusammenschrauben. Das Vorderteil unter das Dach schieben und mit dem Schraubhaken an der Bodenplatte befestigen.

8 Für den Anstrich die Lasur im Verhältnis 1:5 mit Wasser verdünnen und das Vorder- (A) und Bodenteil (D) damit bemalen. Die Dachhälften (C) und die Rückwand (B) mit Eukalyptusöl bestreichen. Alles gut trocknen lassen.

9 Zum Schluss die Reisigmatte mit einer Astschere passend für das Dach zuschneiden und mithilfe der Stahlkrampen anbringen.

Feudale Hummelherberge

MOTIVHÖHE: 42 CM

1 Übertragen Sie alle Bauteile gemäß der Vorlage auf das Fichtenleimholz und sägen Sie sie aus. Die Vorlage für das Eingangsschild auf das Sperrholz übertragen. Mit der Handkreissäge die Seitenteile (C) an einer Längsseite der Vorlage entsprechend abschrägen (45°). Danach schleifen Sie alle Kanten mit Schleifpapier.

MATERIAL

- Fichtenleimholz, gehobelt, 1,8 cm stark
  Vorderwand (A): 37,5 cm x 25 cm
  Rückwand (B): 37,5 cm x 25 cm
  Seitenteile (C): 35 cm x 25 cm
  Grundplatte (D): 45 cm x 28,6 cm
  Dach (E): 42 cm x 25,6 cm und 42 cm x 23,8 cm
  Vordach (F): 13,5 cm x 3 cm und 11,7 cm x 3 cm
  Anflugbrett (G): 7 cm x 10 cm
- Kantholz, 4,5 cm x 4,5 cm, 4 x 10 cm lang (für Fußstützen)
- Quadratstab, 2 cm x 2 cm, 6 x 6 cm lang (Balkon)
- Quadratstab, 0,9 cm x 0,9 cm, 2 x 28,6 cm und 4 x 9 cm lang (Balkon) sowie 4 x 16 cm lang (Fixierung Dach)
- Pappelsperrholz, wasserfest verleimt, 10 cm x 17 cm, 1 cm stark (Schild)
- 6 Schranklüfter, ø 4,5 cm (innen) und 5 cm (außen)
- Plexiglas, 3,5 cm x 5,5 cm, 2 mm stark
- 20 Minidachschindeln in Anthrazit, 50 cm x 5 cm
- Firstabdeckung in Anthrazit, 50 cm x 11 cm
- 52 Spaxschrauben, ø 3,5 mm, 3,5 cm lang
- 24 Nägel, ø 1,2 mm, 2 cm lang (Dach und Balkon)
- 2 offene Schraubhaken, ø 0,8 mm, 2 cm lang
- Bohrer, ø 2 mm und 4 mm
- Kreisschneider, ø 4,5 cm
- Zapfensenker, ø 2,5 cm
- Bohrständer
- Heißluftfön
- 2 Zangen
- Acrylmalfarbe in Schwarz
- Holzlasur in Taubenblau
- Eukalyptusöl
- Holzleim
- Schleifpapier, mittlere Körnung
- Vorlage Seite 98–100

2 Für die Belüftung des Hummelhotels mit dem Kreisschneider jeweils drei Bohrungen pro Seitenteil (C) ausführen (ø 4,5 cm). Die Position der Löcher entnehmen Sie der Vorlage.

3 Jetzt die Innenkanten der Kreisausschnitte schleifen und die Schranklüfter einleimen.

4 Übertragen Sie die Positionen von Vordach (F), Einflugloch und Anflugbrett (G) auf die Vorderwand (A) und bohren Sie die markierten Löcher vor (ø 2 mm). Dann mit dem Zapfensenker das Einflugloch bohren (ø 2,5 cm).

5 Die Holzteile für das Vordach (F) rechtwinklig zusammenleimen bzw. schrauben und das entstandene Dach und das Anflugbrett (G) auf der Vorderwand (A) fixieren. Die Teile zusätzlich von der Rückseite mit Schrauben befestigen.

6 Leimen Sie die Seitenwände (C) und die Vorder- und Rückwand (A und B) auf die vorgebohrte Grundplatte (D). Nehmen Sie dafür einen Winkel zu Hilfe. Die Seitenteile mit der Vorder- und Rückwand zusätzlich verschrauben. Mit der Grundplatte genauso verfahren.

7 Die vier Kanthölzer für die Fußstützen auf der Grundplatte positionieren und anleimen, anschließend von der Innenseite des Hauses mit Schrauben befestigen.

8 Leimen Sie die Quadratstäbe für das Dach (E) an den entsprechenden Stellen an die Dachinnenseiten. Das Ganze mit Nägeln sichern.

9 Nun die Dachteile (E) im rechten Winkel zusammenleimen und verschrauben.

10 Für den Balkon die Quadratstäbe gemäß der Vorlage nebeneinander legen und die Querverbindungen aufleimen bzw. aufnageln.

11 Die taubenblaue Lasur im Mischverhältnis 1:5 mit Wasser verdünnen und das Haus damit streichen. Das Dach, der Zaun und das Eingangsschild mit dem Eukalyptusöl bestreichen. Alles gut trocknen lassen.

12 Leimen Sie den Balkon auf die Grundplatte (D) und warten Sie einige Minuten, um das Ganze auch noch einmal von der Unterseite her zu verschrauben.

13 Das Plexiglas etwa ein Drittel von einer schmalen Seite entfernt markieren, vor einen Heißluftfön halten und mithilfe von zwei Zangen biegen. Seien Sie vorsichtig, denn hier können Sie sich sehr leicht verbrennen. Dann die Abstände der Bohrungen für die Schraubhaken auf das Plexiglas übertragen und die Löcher bohren (ø 4 mm).

14 Die Schraubhaken in die Vorderwand des Hauses eindrehen und das Plexiglas einhängen. Fertig ist die Hummelklappe.

15 Schneiden Sie die Schindeln auf die passende Dachlänge zu. Beim Dachdecken an der unteren Dachseite beginnen und die Schindeln aufnageln. Die erste Reihe umgekehrt aufnageln, damit die Dachfläche besser abgedeckt ist. Von beiden Seiten nach oben überlappend arbeiten. Zuletzt die Firstabdeckung aufnageln.

16 Abschließend das Eingangsschild mit schwarzer Acrylfarbe beschriften und nach dem Trocknen mit zwei Schrauben an der Hausvorderseite anbringen.

Kleine Bienenhochburg

MOTIVHÖHE: 32 CM

1 Sägen Sie alle Bauteile gemäß der Vorlage aus dem Fichtenleimholz zu. Das Bienenmotiv übertragen Sie mithilfe des Kohlepapiers auf das Sperrholz und arbeiten es mit der Laubsäge aus. Anschließend die Bambusstäbe nach jedem Knoten durchsägen und auf der gegenüberliegenden Seite auf eine Länge von 15 cm kürzen. Achten Sie darauf, dass die Stäbe immer auf einer Seite durch die Knoten verschlossen bleiben.

MATERIAL

- Fichtenleimholzbretter, gehobelt, 1,8 cm stark
  Seitenwand (A): 17 cm x 17 cm
  Seitenwand (B): 17 cm x 15,2 cm
  Rückwand (C): 17 cm x 17 cm
  Dachfläche (D): 21,8 cm x 20 cm
  Dachfläche (E): 21,8 cm x 21,8 cm
  Aufhängebrett (F): 30 cm x 3,5 cm

- Pappelsperrholz, wasserfest verleimt, 5 cm x 15 cm, 1 cm stark

- 8 Bambusstäbe, ø 1–1,5 cm, je 3 m lang

- Holzlasur in Taubenblau

- Eukalyptusöl

- Holzleim

- Kohlepapier

- Bohrer, ø 2 mm und 4,5 mm

- 25 Spaxschrauben, ø 3,5 mm, 3,5 cm lang

- Schleifpapier, mittlere Körnung

- Flachfeile

- Rundfeile

- Vorlage Seite 100–101

2 Schleifen Sie die Kanten der ausgesägten Holzbauteile mit dem Schleifpapier. Die Kanten der Biene mit den Feilen bearbeiten.

3 Jetzt die Seitenwände (A und B) des Bienenhotels rechtwinklig zusammenleimen und zusätzlich mit Schrauben fixieren. Dann die Rückwand (C) bündig anschrauben. Die Löcher dabei am besten vorbohren (ø 2 mm), damit das Holz nicht reißt. Zuletzt das Dach (D und E) wie auf dem Arbeitsschrittfoto zu erkennen zusammenschrauben.

4 Nun kann das Bienenhaus bemalt werden. Dafür zunächst die taubenblaue Lasur im Verhältnis 1:5 mit Wasser verdünnen. Dann das Dach mit der Lasur und den Hauskorpus sowie die Biene mit dem Eukalyptusöl bestreichen. Lassen Sie alle Teile gut trocknen.

Der richtige Standort: Achten Sie bei der Suche nach einem geeigneten Plätzchen darauf, dass dieses regen- und windgeschützt ist. Das Hotel dabei am besten gen Süden oder Südosten ausrichten.

5 Legen Sie das Dach bündig zur Rückwand auf das Haus und leimen bzw. schrauben Sie es an den Rückwandseiten mit jeweils drei Schrauben fest. Das Dach anschließend 4 cm vom unteren Dachrand entfernt ebenfalls mit je zwei Schrauben an den Seitenwänden (A und B) fixieren.

6 Die Biene jetzt in die Mitte der Dachstirnseite leimen und zusätzlich festschrauben. Orientieren Sie sich dabei an der Abbildung. Das Motiv zuvor am besten an der in der Vorlage vorgegebenen Stelle vorbohren (ø 2 mm). Schließlich das Bienenhaus mit dem Bambus füllen, sodass die Stäbe stabil eingeklemmt bleiben.

7 Zum Schluss das Aufhängebrett (F) wie in der Vorlage angegeben vorbohren und mit der Spitze nach unten bündig gegen die Rückwand des Bienenhauses schrauben.

Zarte Schmetterlingsunterkunft

MOTIVHÖHE: CA. 34 CM

1 Sägen Sie alle Bauteile gemäß der Vorlage zu. In die aufgezeichneten Eingangsschlitze auf der Vorderwand (A) jeweils ein Loch (ø 8 mm) bohren. Das Sägeblatt der Dekupiersäge dafür an einer Seite lösen, durch die Bohrung führen und wieder einspannen und die Innenausschnitte aussägen. Die Vorlage für die Schmetterlinge übertragen Sie auf das Sperrholz und sägen sie aus.

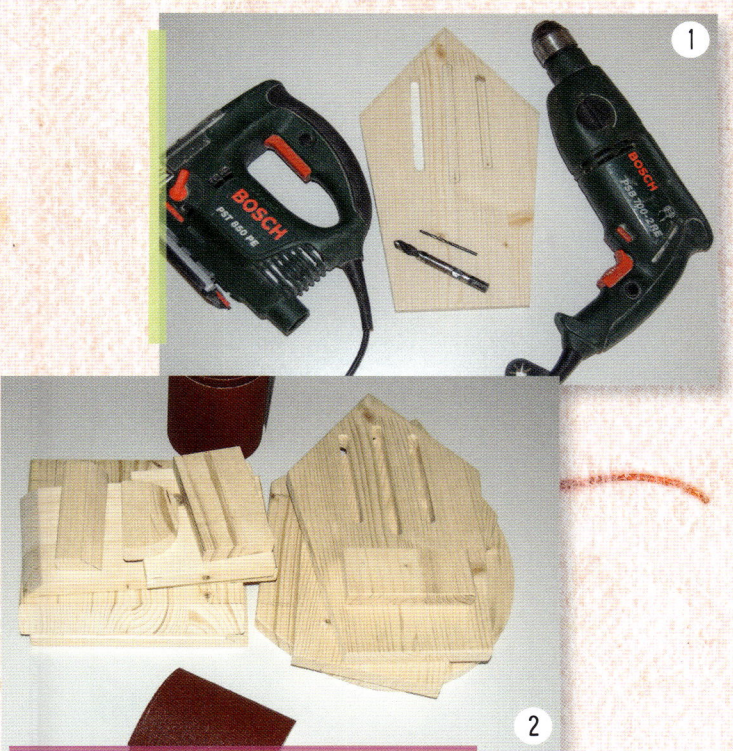

2 Mit einem Deltaschleifer wie in der Vorlage angegeben die Schrägen bei den Dach- (E) und Seitenteilen (C) schleifen. Anschließend alle Kanten und Innenausschnitte mit Schleifpapier glätten.

MATERIAL

- Fichtenleimholzbretter, gehobelt, 1,8 cm stark
  Vorderwand (A): 19 cm x 31,5 cm
  Rückwand (B): 19 cm x 31,5 cm
  Seitenwände (C): 22,8 cm x 11,5 cm (links)
  4 cm x 11,5 cm und 6,6 cm x 11,5 cm
  (rechts oben und unten)
  Reinigungsklappe (D): 12 cm x 11,4 cm
  Dach (E): 2 x 20 cm x 19,5 cm
  Bodenplatte (F): 28 cm x 24 cm
  Anflugbrett (G): 8 cm x 5 cm

- Pappelsperrholz, wasserfest verleimt, 15 cm x 20 cm, 6 mm stark (Schmetterling)

- Holzkugel, ø 2 cm

- Holzlasur in Weiß

- Holzleim

- 32 Spaxschrauben, ø 3 mm, 3,5 cm lang

- 2 Spaxschrauben, ø 3 mm, 2 cm lang (Befestigung Schmetterlinge)

- 1 Spaxschraube, ø 3 mm, 3 cm lang (Befestigung Kugel)

- Scharniere in Gold, 2,5 cm x 2,5 cm

- Bohrer, ø 2 mm und 8 mm

- Vorlage Seite 102–103

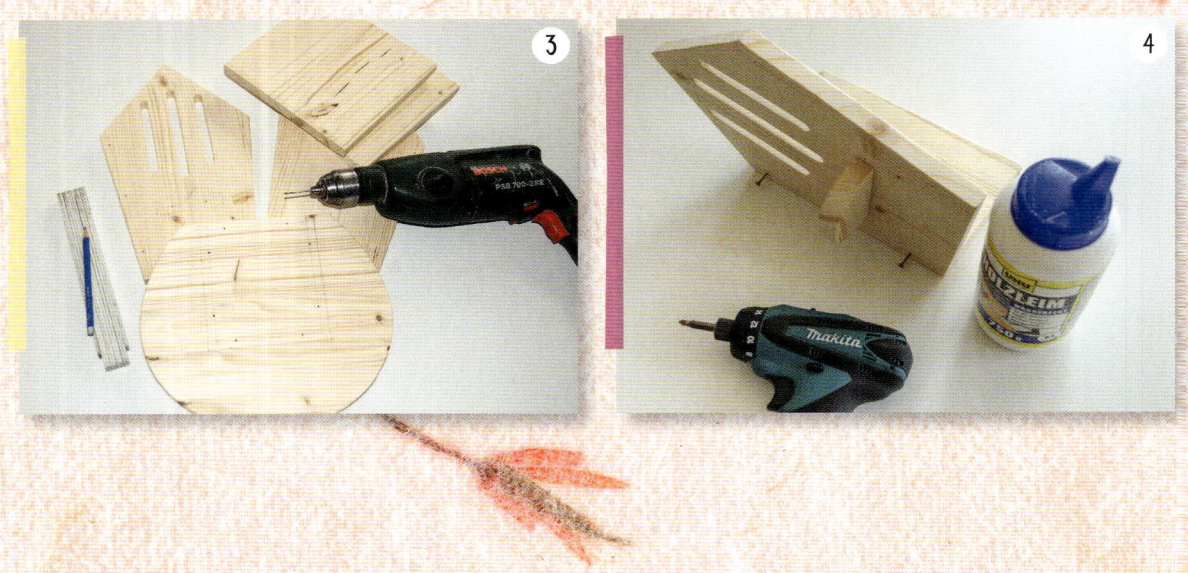

3 Zeichnen Sie nun die Position des Häuschens auf der Bodenplatte (F) an und bohren Sie die Löcher vor (ø 2 mm). Mit den Löchern auf der Vorderwand (A) ebenso verfahren und danach das Anflugbrett (G) von der Rückseite her anschrauben.

4 Jetzt schrauben bzw. leimen Sie die linke Seitenwand (C) an die Vorderwand (A).

5 Die zweite Seitenwand (C) besteht aus drei Teilen. Das obere und untere Holzstück zunächst wie auf dem Foto zu sehen an die Vorderwand (A) schrauben. Anschließend die Rückwand (B) an beiden Seitenwänden fixieren.

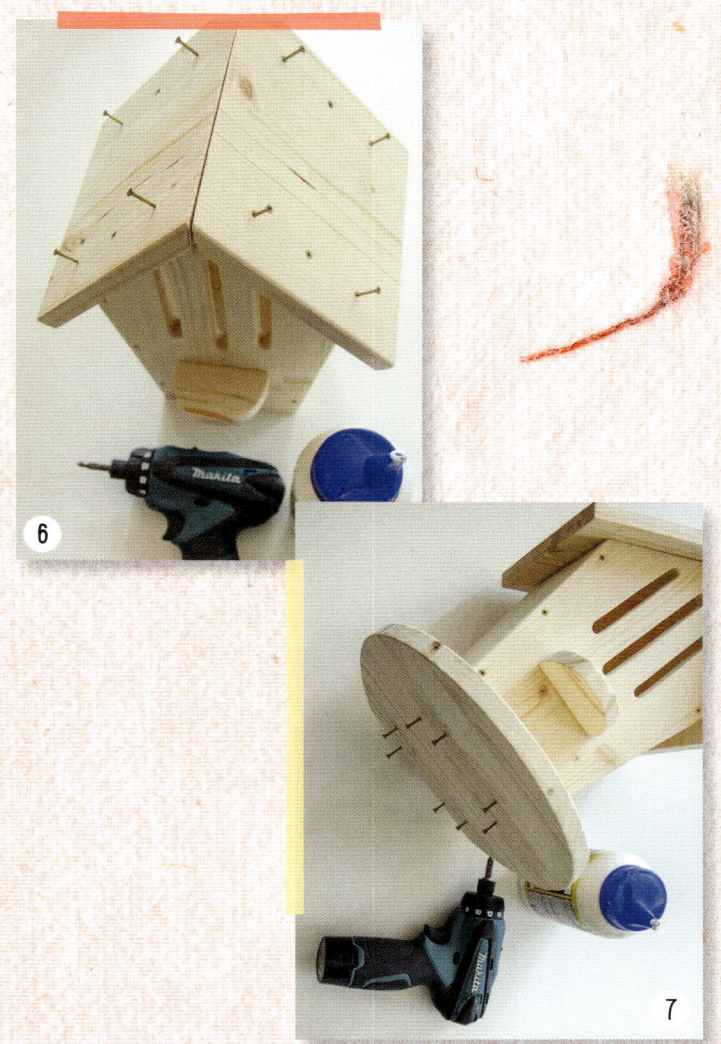

6 Befestigen Sie nun beide Dachhälften (E) gemäß der Abbildung an der Oberseite des Häuschens.

7 Die Bodenplatte (F) ebenfalls von der Unterseite mit Schrauben am Schmetterlingshotel befestigen.

8 Nun wird noch die Reinigungsklappe (D) angebracht. Dafür die Klappe an der vorgegebenen Stelle durchbohren (ø 2 cm) und die Holzkugel von der Innenseite anschrauben. Dann die Position des Scharniers anzeichnen und an der Klappe und am unteren Seitenteil fixieren.

9 Zum Schluss die Schmetterlinge an den Dachvorderseiten anschrauben. Damit das Holz nicht reißt, ist es hilfreich, die Löcher dafür vorzubohren. Anschließend können Sie das Schmetterlingshaus lasieren. Gut trocknen lassen. Das Häuschen je nach Wunsch mit einem Schraubhaken oder einem Brett, welches Sie an die Rückwand schrauben, aufhängen.

Internationales Insektenhotel

MOTIVHÖHE: CA. 42 CM

1 Sägen Sie alle Bauteile gemäß der Vorlage zurecht. Die Bretter für die Rückwand wie in der Materialliste angegeben vorbereiten.

2 An den Boden (A) die beiden Seitenwände (C) sowie die beiden unteren Zwischenwände (D) an den in der Vorlage gekennzeichneten Stellen anschrauben.

MATERIAL

› Fichtenholzbretter, beidseitig gehobelt, 2 cm stark
  Boden (A): 44 cm x 10 cm
  Zwischenboden (B): 40 cm x 10 cm
  Seitenwand (C): 2 x 40 cm x 10 cm
  (an einem Ende schräg abgesägt)
  Zwischenwand unten (D): 2 x 22 cm x 10 cm
  Zwischenwand oben (E): 2 x 16 cm x 10 cm
  (an einem Ende schräg abgesägt)
  Dach (F): 48 cm x 15 cm
  Rückwand: Bretter, die nebeneinander gelegt eine Fläche von 44 cm x 42 cm ergeben

› Pappelsperrholz, 18 cm x 22 cm, 4–6 mm stark (Ausschnitt in der Mitte: 1 cm x 4 cm)

› Dachpappe, 53 cm x 20 cm

› Maschendraht, beliebige Maschenform, 44 cm x 16 cm

› 36 Universalschrauben, 4 cm lang

› 30 Dachpappestifte, verzinkt, 2 cm lang

› 8 Universalschrauben, 2 cm lang (Sperrholz)

› Fichten- und Kiefernzapfen

› Rindenstücke

› Heu- oder Stroh

› Ast- und Zweigstücke, 10 cm lang

› Bohrer, ø 2 mm (für Schraubenlöcher)

› Holzbohrer, ø 3–7 mm (für Ast- und Zweigstücke)

› Acrylfarbe in Weiß

› Vorlage Seite 104–105

3 Nun die beiden oberen Zwischenwände (E) an dem Zwischenboden (B) fixieren. Danach das Gestell zwischen die beiden Seitenwände (C) und auf die unteren Zwischenwände (D) schieben und das Ganze mit jeweils zwei Schrauben von außen durch die Seitenwände fixieren.

4 Jetzt die Rückseite des Insektenhotels mit den Brettern verschließen und das Dach (F) aufschrauben.

5 Um das Insektenhotel vor Nässe zu schützen wird nun die Dachpappe angebracht. Schneiden Sie diese wie angegeben am besten mit einem großen Cutter auf einem Brettrest zurecht. Zum Aufzeichnen der Linien einen dicken Buntstift in heller Farbe verwenden. Die Pappe wie in der Vorlage angegeben an beiden Längsseiten 2,5 cm tief einschneiden (siehe durchgezogene Linien). An den gestrichelten Linien wird die Dachpappe umgeklappt.

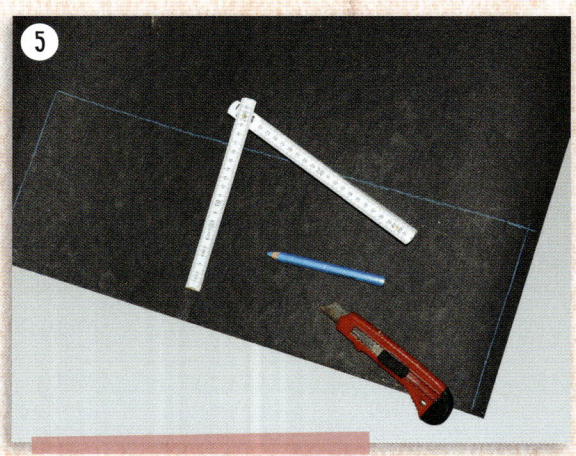

6 Die Pappe mittig aufs Dach legen und mit Dachpappestiften an den schmalen Seiten befestigen. An den Ecken stehen nun jeweils Quadrate mit 2,5 cm Länge über. Klappen Sie diese um die Dachecken und anschließend die beiden Längsseiten nach unten. Die Pappe an den langen Seiten ebenfalls festnageln.

7 Jetzt werden die Fächer gefüllt: Legen Sie in das Fach oben links Fichten- und Kiefernzapfen, in die Mitte Rindenstücke und rechts oben etwas Stroh oder Heu. Die Fächer unten rechts und links mit zuvor angebohrten Ast- und Zweigstücken füllen. Die Löcher dabei unterschiedlich groß und möglichst tief einbohren.

8 Wenn Sie möchten, können Sie das Insektenhotel nun bemalen.

9 Damit der Inhalt der oberen Fächer nicht herausfällt, den Maschendraht mit Dachpappestiften aufnageln. Zum Schluss unten in der Mitte noch die zugesägte Sperrholzabdeckung mit Schlitz aufschrauben.

Clevere Kerlchen

Ob Igel, Fledermaus oder Eichhörnchen: Sie alle sind klein, niedlich und wecken den Beschützerinstinkt in uns. Mittlerweile sind leider auch diese Tierarten zunehmend auf menschliche Hilfe angewiesen, da sie auf natürlichem Wege nicht mehr genügend Futter- oder Unterschlupfmöglichkeiten finden. Auf den folgenden Seiten finden Sie viele Kreativ-Anregungen, um kleine Waldkobolde, Swinegel und nachtaktive Flugkünstler artgerecht zu unterstützen.

Eichhörnchen-Snackbar

MOTIVHÖHE: 42,5 CM

1 Sägen Sie alle Teile und Leisten gemäß der Vorlage aus dem Fichtenleimholz zu. Die Fressklappe (F) aus Sperrholz aussägen. Dann das Loch für die Aufhängung auf der Aufhängeleiste (E) an der vorgegebenen Position kennzeichnen und mit dem Kreisschneider durchbohren. Alle Kanten mit dem Schleifpapier glätten.

MATERIAL

- Fichtenleimholzbretter, gehobelt, 1,8 cm stark
  Rückwand (A): 38 cm x 23,6 cm
  Seitenwände (B): 2 x 20 cm x 20 cm
  Bodenplatte (C): 39,5 cm x 23,6 cm
  Dachfläche (D): 18,5 cm x 6 cm und 16,7 cm x 6 cm
  Aufhängeleiste (E): 41,5 cm x 3 cm

- Pappelsperrholz, wasserfest verleimt, 1,2 cm stark
  Fressklappe (F): 24,5 cm x 21,5 cm, 1,2 cm stark

- Holzleiste, 3 cm x 0,5 cm, 2 m lang (Zierleisten)

- Holzleiste, 1 cm x 0,5 cm, 1 m lang (Fenstersprossen)

- Holzleiste, 0,5 cm x 0,5 cm, 50 cm lang (Fensterrahmen)

- Nutleiste, 1,2 cm x 1,2 cm, 40 cm lang

- Plexiglasscheibe, 18,3 cm x 15 cm, 4 mm stark

- 5 Streifen Birkenrinde, 24,5 cm x 5 cm

- 9 Streifen Birkenrinde, 6 cm x 5 cm

- Lasur in Rotbraun und Grau

- wasserfeste Farbe in Weiß

- 2 Scharniere in Silber, 3 cm x 3 cm

- 25 Spaxschrauben, ø 3,5 mm, 4 cm lang

- 12 Spaxschrauben, ø 3,5 mm, 3,5 cm lang

- 70 Nägel, ø 0,9 mm, 1,3 cm lang

- 48 Nägel, ø 1,4 mm, 1,2 cm lang (mit breiterem Kopf)

- Kreisschneider, ø 1,5 cm

- Bohrer, ø 2 mm

- Schleifpapier, mittlere Körnung

- Holzleim

- Vorlage Seite 106–107

2 Die Lasuren im Mischverhältnis 1:5 mit Wasser verdünnen und die Hausteile bemalen. Das Fensterinnere dabei zuvor anzeichnen und anschließend grau lasieren. Die Holzleisten für die Fensterrahmen und -sprossen streichen Sie mit der weißen Farbe.

3 Sägen Sie die Nutleiste in zwei Teile (je 17 cm lang) und nageln Sie sie an die kurzen Seiten der Wände (B).

4 Jetzt leimen und nageln Sie die Zierleisten und die Fenster auf. Orientieren Sie sich dabei am Arbeitsschrittfoto.

5 Die Rückwand (A) und die Dachteile (D) an den vorgegebenen Stellen vorbohren (ø 2 mm). Anschließend die Zierleisten ebenfalls auf die Rückwand leimen und nageln und die Dachteile anschrauben.

6 Nun die Rückwand (A) und die Bodenplatte (C) rechtwinklig zusammenschrauben. Danach beide Seitenteile (B) fixieren.

7 Markieren Sie die Bohrlöcher für die Scharniere an der Klappe (F) und der Rückwand und schrauben Sie sie fest.

8 Nun die Aufhängeleiste anschrauben.

9 Zum Schluss die Birkenrinde wie angegeben zuschneiden und auf das Dach und die Fressklappe nageln. Die Rinde immer 1 cm überlappen lassen. Beginnen Sie von unten und arbeiten Sie sich nach oben vor. Zuletzt die Plexiglasscheibe von oben in die Nutleiste schieben.

Nistkasten für Nachtschwärmer

MOTIVHÖHE: CA. 42 CM

1 Alle Bauteile wie angegeben zurechtsägen.

2 Damit sich die Fledermäuse im Nistkasteninneren festkrallen und nach oben klettern können, die Innenseite von Vorder- und Rückwand (A und B) als Erstes mit einem kleinen Stecheisen durch Einritzen waagrechter Linien aufrauen. Alternativ dazu können Sie auch ca. 5 mm tiefe waagrechte Fugen einfräsen oder Holzleisten (z. B. 5 mm x 5 mm groß und 26 cm lang) annageln. Der Abstand zwischen den Fugen oder Leisten sollte ca. 3 cm betragen. Dies betrifft sowohl die Vorder- (A) als auch die Rückwand (B).

MATERIAL

- Fichtenholzbretter, gehobelt, 2 cm stark
  Vorderwand (A): 37 cm x 30 cm
  Rückwand (B): 40 cm x 30 cm
  Seitenwand (C): 2 x 40 cm x 7 cm
  Dach (D): 30 cm x 13 cm
  Bodenleiste (E): 26 cm x 5,5 cm
  (an einer Längsseite in einem Winkel
  von 45° abgeschrägt)
- Dachpappe (F): 35 cm x 18 cm
- 2 Holzleisten, 2 cm x 1 cm, 37 cm lang
- 40 Universalschrauben, verzinkt, 4 cm lang
- 7 Universalschrauben, verzinkt, 3,5 cm lang
  (schräge Bodenleiste und Aufhängung)
- 16 Dachpappestifte, verzinkt, 2 cm lang
- 14 Drahtstifte, 2 cm lang
  (Holzleisten annageln)
- 2 Flacheisen mit vier Bohrungen,
  10 cm x 1,5 cm
- kleines Stecheisen
- Lasur in Braun
- Filzstift in Schwarz
- Moosgummi in Braun
- wetterfester Klebstoff

- Vorlage Seite 108–109

3 Nun an einer Längsseite des Bodenteils (E) den Rand in einem Winkel von 45° abschrägen, sodass die Bodenleiste noch 5,5 cm breit ist. Das Holzteil an der abgeschrägten Seite wie in der Vorlage angegeben dreimal anbohren und so auf die aufgeraute Seite der Vorderwand (A) schrauben, dass die Kante an der Unterseite nicht übersteht.

4 Schrauben Sie jetzt an beiden Längsseiten der Rückwand (B) die Seitenwände (C) an. Anschließend die Vorderwand (A) mit der aufgerauten Seite nach innen an den beiden Seitenwänden (C) fixieren.

5 Als Nächstes folgt das Dach (D), welches Sie bündig mit der Rückwand aufschrauben. Auf der Vorderseite entsteht hierbei ein Dachvorsprung.

6 Den Dachpappezuschnitt wie in der Vorlage eingezeichnet an beiden Längsseiten 2,5 cm tief einschneiden (siehe durchgezogene Linien). Die gestrichelten Linien zeigen an, wo die Ränder umgeklappt werden. Die Dachpappe zuerst an den beiden kurzen Seiten mit jeweils drei Dachpappestiften annageln. Dann die überstehenden Ecken zu den Längsseiten hin umklappen und die langen Dachpapperänder nach unten klappen und festnageln. Wenn Sie möchten, können Sie die grauen Dachpappestifte noch mit einem schwarzen Filzstift übermalen.

7 Schrauben Sie nun für die Aufhängung noch die beiden Flacheisen auf der Rückseite an.

8 Jetzt wird der Fledermauskasten verziert. Nageln Sie zunächst die Holzleisten mit den Drahtstiften auf. Die Leisten verdecken die Schrauben. Dann die Holzleisten sowie die Kantenseiten der Rückwand mit brauner Farbe lasieren und gut trocknen lassen. Orientieren Sie sich dabei an der Abbildung.

9 Für die Fledermäuse eine Schablone aus Karton anfertigen, die Umrisse auf das Moosgummi übertragen und ausschneiden. Die Fledermäuse mit Klebstoff anbringen.

Der richtige Standort:
Der Fledermauskasten sollte in drei bis fünf Metern Höhe an einer Haus- oder Schuppenwand Richtung Süden aufgehängt werden. Für eine Befestigung an einem Baumstamm schrauben Sie auf der Rückseite anstelle der beiden Flacheisen einfach eine Dachlatte an. Der Kasten sollte möglichst der Morgen- und Mittagssonne ausgesetzt und deshalb nicht von Zweigen verdeckt sein. Wichtig ist auch, dass die Fledermäuse den Kasten frei anfliegen können. Die Besiedelung des Fledermauskastens kann unter Umständen einige Jahre dauern.

Winterquartier für Igel

MOTIVHÖHE: 25 CM

1 Alle Bauteile gemäß der Vorlage auf das Fichtenleimholz übertragen und aussägen. Die Blume und das Schild aus dem Sperrholz sägen. Anschließend alle Kanten mit dem Schleifpapier glätten.

2 Markieren Sie nun an der Rückwand (C) und an der Reinigungsklappe (D) die Positionen für die Scharniere, die Kugel und den Haken und bohren Sie die Löcher vor (ø 2 mm). Dann die Scharniere anschrauben.

MATERIAL

› Fichtenleimholzbretter, gehobelt, 1,8 cm stark
  Vorderwand (A): 40 cm x 23,6 cm
  Zwischenwand (B): 36,4 cm x 20 cm
  Rückwand (C): 40 cm x 23,6 cm
  Reinigungsklappe (D): 24 cm x 16,2 cm
  Dachleisten (E): 19 x 41,6 cm x 3,5 cm
  Boden (F): 41,6 cm x 36,4 cm
  Bodenleisten (G): 2 x 40 cm x 3,5 cm

› Treppe (H): 3,5 cm x 10 cm und 5,5 cm x 10 cm

› Pappelsperrholz, wasserfest verleimt, 30 cm x 10 cm, 8 mm stark

› Bitumenschweißbahn, 45 cm x 69 cm

› Holzlasur in Pistazie, Gelb und Rotbraun

› Acrylmalfarbe in Schwarz

› Aststück, ø 1,5 cm, 28 cm lang, und ø 8 mm, 20 cm lang

› 12 Nägel, ø 1,2 mm, 2 cm lang

› 70 Spaxschrauben, ø 3,5 mm, 4 cm lang

› 3 Spaxschrauben, ø 3 mm, 2 cm lang (Befestigung Schild und Blume)

› 4 Spaxschrauben, ø 3,5 mm, 3,5 cm lang (Befestigung Treppe)

› Spaxschraube, ø 3 mm, 2,5 cm lang (Befestigung Holzkugel)

› 2 Scharniere in Silber, 3 cm x 3 cm

› Schraubhaken, ø 4 mm, 1,8 cm lang

› Holzkugel, ø 1,5 cm

› Bohrer, ø 2 mm

› 34 Dachpappestifte

› Schleifpapier, mittlere Körnung

› Kohlepapier

› Vorlage Seite 110–111

3 Die Zwischenwand (B) von der Unterseite mit vier Spaxschrauben auf der Bodenplatte (F) befestigen. Die Vorder- (A) und Rückseite (C) sowie die ersten Latten für das Dach (E) schrauben Sie jeweils von der Außenseite an.

4 Jetzt werden die Dachleisten (E) Schritt für Schritt aufeinander gesetzt. Schleifen Sie jede Leiste dabei zuvor an einer langen Seite mit dem Deltaschleifer etwas schräg an. Diese Seite stets nach innen positionieren, so werden die Zwischenräume zwischen den Leisten auf der Außenseite enger. Jede Leiste mit je einer Schraube an der Vorder- (A) und Rückseite (C) fixieren. Die letzte Leiste oben in der Mitte in der Breite anpassen. Dann zusätzlich jede zweite Leiste noch einmal mit der Zwischenwand (B) verschrauben.

5 Die Rundholzkugel von der Innenseite der Reinigungsklappe (D) her fixieren. Die Kugel dabei am besten vorbohren, damit die Schraube besser greift. Den Haken ebenfalls in die entsprechende Bohrung der Rückwand (C) eindrehen.

> **Hinweis:**
> Während seines Winterschlafs sollte der Igel nicht gestört werden. Um zu prüfen, ob ein Igel eingezogen ist, können Sie im späten Herbst einen Halm so vor dem Eingang positionieren, dass der Igel ihn beim Ein- und Auslaufen berührt und somit seine Anwesenheit verrät.

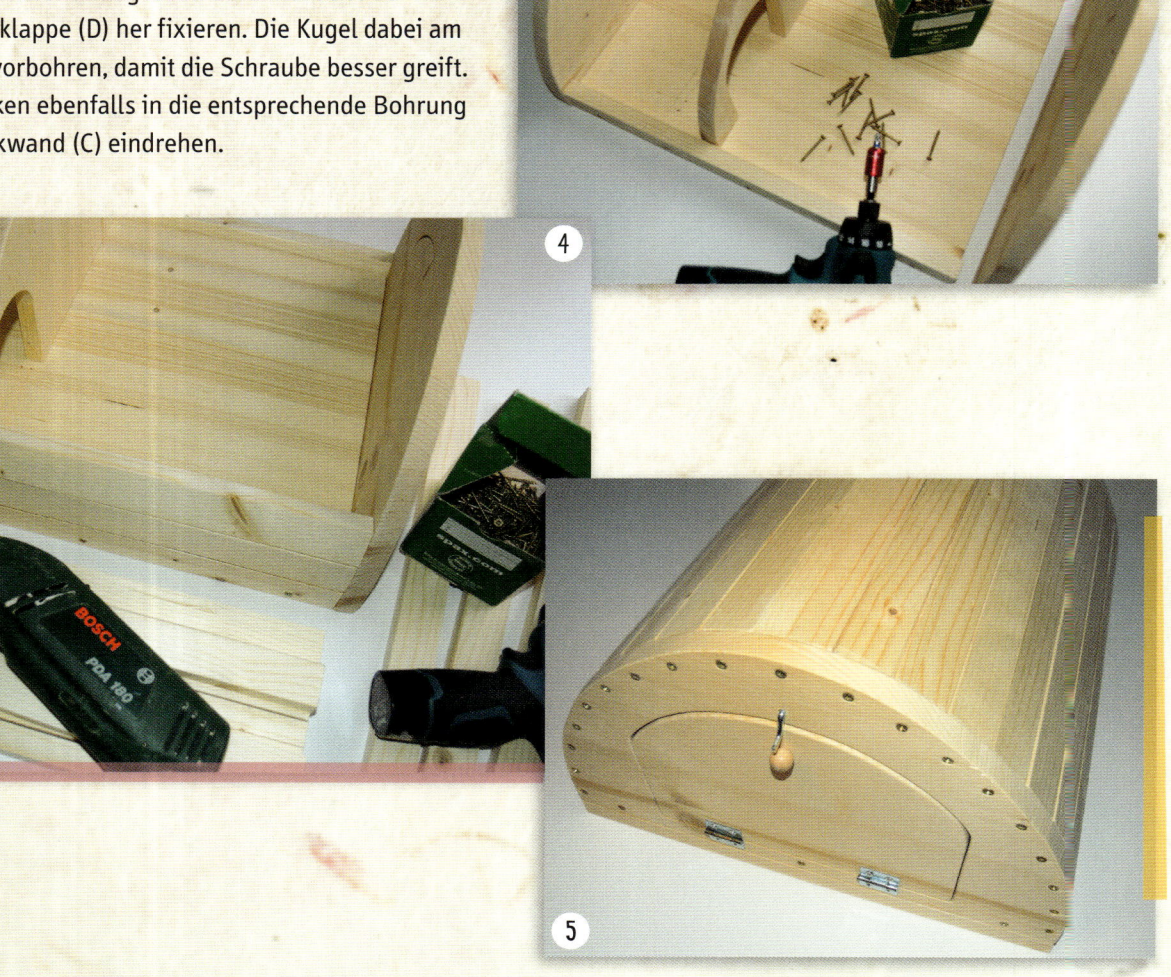

6 Damit das Igelhäuschen nicht direkt auf dem Boden steht, die Bodenleisten (G) bündig zur Vorder- (A) und Rückenwand (C) am Boden befestigen. Die Treppenteile (H) wie auf der Abbildung zu sehen aneinanderschrauben und an der Bodenleiste befestigen.

7 Für den Anstrich die pistazienfarbene Lasur im Mischverhältnis 1:5 mit Wasser verdünnen und alle äußeren Flächen lasieren. Auch die gelbe und rotbraune Lasur verdünnen und Blume und Schild damit bemalen. Nach dem Trocknen die Schrift mithilfe von Kohlepapier auf das Schild übertragen und mit schwarzer Acrylfarbe nachziehen. Den Blumenstiel wie auf der Abbildung zu sehen auf die Vorderwand (A) malen.

8 Nun die Bitumenschweißbahn auf das halbrunde Dach legen und mit Dachpappestiften befestigen.

9 Zum Schluss die Blume neben dem Eingang und das Schild darüber befestigen. Die dickeren Aststücke als Zaun senkrecht mit Nägeln auf der Vorderwand befestigen. Den Ast für die Querverbindung ebenfalls aufnageln.

Eichhörnchen-Imbiss

MOTIVHÖHE CA. 39 CM

1 Sägen Sie die Bauteile gemäß der Vorlage zu. Anschließend die Winkelleiste in zwei Teile von je 15 cm Länge sägen und alle Kanten mit dem Schleifpapier glätten.

MATERIAL

- Fichtenleimholzbretter, gehobelt, 1,8 cm stark
  Rückwand (A): 36,8 cm x 20 cm
  Seitenwände (B): 2 x 18,5 x 17 cm
  Bodenplatte (C): 32 cm x 20 cm
  Dachklappe (D): 22 cm x 22 cm

- Winkelleiste, 2 cm x 2 cm, 5 mm stark, 30 cm lang

- Plexiglasscheibe, 18,2 cm x 13 cm, 4 mm stark

- Holzlasur in Rotbraun

- Holzleim

- 15 Spaxschrauben, ø 3 mm, 3,5 cm lang

- 4 Spaxschrauben, ø 3 mm, 1,8 cm lang (Befestigung Winkel)

- 2 Scharniere in Gold, 2,5 cm x 2 cm

- Bohrer, ø 2 mm

- Schleifpapier, mittlere Körnung

- Vorlage Seite 112

2 Zeichnen Sie die Löcher auf der Rückwand (A) und der Bodenplatte (C) wie in der Vorlage angegeben an und bohren Sie die Löcher vor (ø 2 mm).

3 Nun leimen bzw. schrauben Sie die Seitenwände (B) jeweils im rechten Winkel an die Rückwand (A).

4 Das Konstrukt auf die Bodenplatte (C) setzen, die Seitenwände (B) dabei ca. 5 mm vom Rand entfernt platzieren. Schließlich die Bodenplatte bündig zur Rückwand und von unten am Eichhörnchenhaus befestigen.

5 Setzen Sie die Plexiglasscheibe vor die Seitenteile und leimen bzw. schrauben Sie die Winkelleisten wie auf der Abbildung zu sehen fest.

6 Die Dachklappe (D) mittig auf die beiden Seitenwände (B) legen und die Position der Scharniere auf der Klappe (D) und der Rückwand (A) markieren. Dann die Scharniere anschrauben.

7 Als Letztes die Lasur im Verhältnis 1:5 mit Wasser verdünnen und das Haus damit bestreichen. Alles gut trocknen lassen. Nun können Sie die Futterstelle entweder auf eine ebene Fläche stellen oder an einen Baum hängen. Für letztere Wahl an der Rückseite eine Holzleiste gegen den Futterspender schrauben.

Gästehaus für Stachelbewohner

MOTIVHÖHE CA. 37 CM

1 Alle Bauteile wie in der Vorlage angegeben übertragen und zusägen. Die Blätter und das Eingangsschild sägen Sie aus dem Sperrholz aus.

2 Jetzt die Ausschnitte aus der Vorder- und Zwischenwand (A und C) heraussägen. Danach alle Kanten mit dem Schleifpapier glätten.

MATERIAL

- Fichtenleimholzbretter, 1,8 cm stark
  Vorderwand (A): 35 cm x 30 cm
  Seitenwände (B): 2 x 31,4 cm x 30 cm
  Zwischenwand (C): 31,4 cm x 30 cm
  Rückwand (D): 35 cm x 25 cm
  Dach (E): 45 cm x 45 cm
  Bodenplatte (F): 35 cm x 35 cm
  Bodenleisten (G): 2 x 4 cm x 41 cm
  Dachleisten innen (H): 2 x 4 cm x 31 cm
  Treppe (I): 4 cm x 10 cm

- Sperrholz, wasserfest verleimt, 25 cm x 30 cm, 1 cm stark

- Holzleiste, 2 cm x 0,5 cm, 2 x 45 cm und 2 x 46 cm lang (Dachumrandung)

- Dachpappe in Grau, 45 cm x 45 cm
- Holzlasur in Rotbraun, Gelb und Grün
- Acrylmalfarbe in Braun
- Holzleim
- 21 Dachpappestifte, ø 2 mm, 1,8 cm lang
- 33 Spaxschrauben, ø 3,5 mm, 3,5 cm lang
- 2 Spaxschrauben, ø 3,5 mm, 6 cm lang (Treppe befestigen)
- kleine Nägel
- Bohrer, ø 2 mm
- Schleifpapier, mittlere Körnung

- Vorlage Seite 113–115

Hinweis:
Der beste Zeitpunkt, um das Igelhaus aufzustellen, ist bereits im Frühherbst. Das Häuschen an einen schattigen Platz, idealerweise unter Büschen oder einer Hecke positionieren, den Eingang dabei nach Südosten ausrichten. Damit der Igel sein Domizil beziehen kann, am besten noch etwas Herbstlaub liegen lassen, sodass er sich Nistmaterial zusammensuchen kann.

3 Die Löcher an den vorgesehenen Stellen auf der Bodenplatte (F), der Vorderwand (A) und der Rückwand (D) vorbohren (ø 2 mm). Anschließend die Bodenplatte (F) von unten an die Rückwand (D) leimen bzw. schrauben. Die Seitenwände (B), die Zwischenwand (C) und die Vorderwand (A) ebenfalls aufleimen und am Boden festschrauben. Danach die Seiten- und die Zwischenwand (B und C) mit der Vorder- und Rückwand (A und D) zusätzlich verschrauben.

4 Die Bodenleisten (G) bündig zur Vorder- und Rückwand (A und D) auf die Bodenplatte (F) legen. Dann leimen Sie die Treppe (I) vor den Hauseingang. Das Ganze trocknen lassen und die Treppenstufe von der Rückseite zusätzlich noch mit zwei Schrauben fixieren.

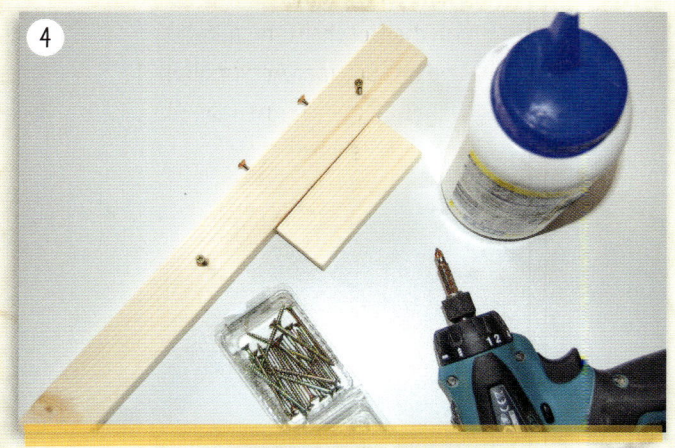

5 Nun die Bodenleisten mit der Treppe wie in Punkt 4 beschrieben positionieren und am Boden anschrauben.

6 Leimen Sie die Dachleisten (H) an der vorgegebenen Position auf der Dachinnenseite an und schrauben Sie sie fest.

7 Die Leisten für die Dachumrandung bündig zur unteren Dachkante rundum mit Nägeln befestigen. Dann alle Lasuren im Verhältnis 1:5 mit Wasser verdünnen und zunächst nur das Igelhaus lasieren. Gut trocknen lassen, dann die Dachpappe mit den Dachpappestiften aufnageln.

8 Zum Schluss die aus Sperrholz ausgesägten Blätter und das Türschild bemalen. Bei den Blättern ziehen Sie die Lasuren nass ineinander, um die Schattierungen zu erhalten. Alles gut trocknen lassen, dann die Beschriftung auf das Schild übertragen und mit brauner Acrylmalfarbe aufmalen. Ist dies getrocknet, können Sie die Blätter und das Schild auf die vordere Hauswand aufleimen.

Putzige Piepmätze

In Deutschland gibt es über 400 Vogelarten und jede davon hat ihren ganz eigenen Anspruch, um ein Wohlfühlnest zu bauen. Wie Sie dem Nachwuchs und den werdenden Vogeleltern gekonnt unter die „Flügel greifen" und zudem auch noch im Winter bei der Nahrungssuche unterstützen, erfahren Sie auf den folgenden Seiten. Alle Modelle sind artgerecht konzipiert und auf die speziellen Bedürfnisse der Vögel angepasst.

Wohlfühlnest für den Nachwuchs

MOTIVHÖHE CA. 20 CM

1 Die Bauteile wie in der Vorlage angegeben zusägen.

2 Nun die Seitenwand (A) wie abgebildet an die Rückwand (C) schrauben.

MATERIAL

› Fichtenbretter, gehobelt, 2 cm stark
  Seitenwand (A): 2 x 24 cm x 18 cm
  (Dach abgeschrägt)
  Vorderwand (B): 12 cm x 7 cm
  Rückwand (C): 18 cm x 12 cm
  Dach (D): 27 cm x 20 cm
  Boden (E): 14 cm x 12 cm

› Dachpappe (F): 32 cm x 25 cm

› Birkenast, ø 2 cm

› Aluprägefolie, 10 cm x 2,5 cm

› 26 Universalschrauben, 4 cm lang

› 12 Dachpappestifte, verzinkt, 2 cm lang

› 2 Ringschrauben, ø 5 mm, 1,6 cm lang

› 14 Drahtstifte, 2 cm lang (Birkenast fixieren)

› Bohrer, ø 2 mm

› Bindedraht, mit Kunststoff ummantelt, ø 2 mm, 1 m lang (Aufhängebügel)

› Acrylfarbe in Weiß

› wetterfester Klebstoff

› leer geschriebener Kugelschreiber (für Prägefolie)

› Vorlage Seite 116–117

3 Den Boden (E) sowohl an der Seitenwand (A) als auch an der Rückwand (C) fixieren und anschließend die Vorderwand (B) an der Seitenwand (A) befestigen.

4 Schrauben Sie nun die zweite Seitenwand (A) an.

5 Jetzt kommt das Dach an die Reihe. Es wird bündig zur Rückwand (C) aufgeschraubt.

Der richtige Standort:
Die Halbhöhle ist ein optimaler Nistplatz für Hausrotschwanz, Bachstelze und Grauschnäpper. Hängen Sie den Nistkasten auf keinen Fall an einen Baum, denn hier können Katze, Marder oder Eichhörnchen leicht das Nest ausräumen. Das weit vorgezogene Dach verhindert, dass Elstern oder Krähen die Brut gefährden. Der ideale Platz für diesen Nistkasten ist ein Balken unter dem Dach, an einer Haus- oder Schuppenwand oder auch an einem Gartenhäuschen. Die Einflugöffnung, wenn möglich, nach Südosten hin ausrichten. Durch die Aufhängung am Drahtbügel kann der Nistkasten zur Reinigung gekippt und ausgekratzt werden.

6 Um den Nistkasten vor Nässe zu schützen, nun die Dachpappe (F) anbringen. Diese zuerst einschneiden (siehe durchgezogene Linien) und anschließend an der Vorder- und an der Rückseite mit Dachpappestiften annageln. Dann die kleinen blaumarkierten Ecken seitlich umklappen und die Längsseite der Dachpappe darüberklappen und annageln.

7 Nun den Nistkasten mit der weißen Farbe rundum bemalen.

8 Für die Aufhängung links und rechts am Dach jeweils eine Ringschraube eindrehen. Daran den Draht fixieren.

9 Als Verzierung können Sie nun noch der Länge nach halbierte Birkenaststücke aufnageln. Die Aststücke entweder mit dem Hammer und einem Stecheisen spalten oder mit der Dekupiersäge längs durchsägen und mit Drahtstiften beliebig anbringen. Für das Schild ein Rechteck mit abgerundeten Ecken aus der Prägefolie zuschneiden und mit einem leer geschriebenen Kugelschreiber beschriften. Das Schild mit Klebstoff aufkleben.

6a

6b

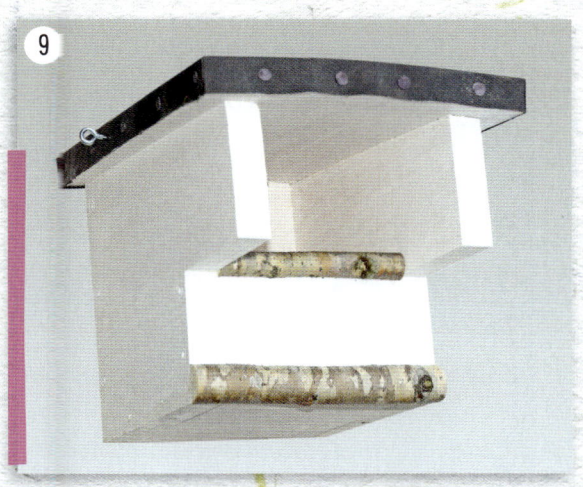

9

KINDERSTUBE

Höhlenbrüter-Domizil

MOTIVHÖHE: CA. 30 CM (OHNE BEFESTIGUNGSBRETT)

MATERIAL

- Fichtenholzbretter, gehobelt, 2 cm stark
  Vorder- und Rückwand (A): 19 cm x 19 cm,
  Flugloch in Vorderwand ca. ø 3,5 cm
  Seitenwand (B): 19 cm x 15 cm
  Seitenwand (C): 4 cm x 15 cm
  Seitenwand (D): 3 x 15 cm x 15 cm
  Dachfläche 1 (E): 26 cm x 22 cm
  Dachfläche 2 (F): 24 cm x 22 cm
- Dachpappe (G): 57 cm x 27 cm
- gehobelte Dachlatte, 45 cm lang (Befestigung)
- Bohrer, ø 2 mm und 4 mm
- Forstnerbohrer, ø 3,5 cm (abhängig von der Vogelart)
- Raspel
- Universalschrauben, 4 cm lang
- 28 Dachpappestifte, 2 cm lang
- Schraubhaken, 6 cm lang (Riegel)
- Acrylfarbe in Grün
- Holzscheibe, oval, ca. 9,5 cm lang
- Brennstab
- Vorlage Seite 118–119

1 Alle Bauteile gemäß der Vorlage zusägen. Dann die Schraublöcher vorbohren (ø 2 mm). Die in der Vorlage mit einem blauen Punkt und einem schwarzen Pfeil markierten Stellen auf der Vorder- und Rückwand (A) jeweils mit einem 4 mm-Bohrer durchbohren. Anschließend mit dem Forstnerbohrer, der in der Bohrmaschine fixiert wird, das Flugloch in die Vorderwand (A) fräsen. Prinzipiell hängt vom Durchmesser des Fluglochs ab, welche Vogelart im Nistkasten brüten wird. Für die Blaumeise, Haubenmeise und Tannenmeise sollte das Loch 3 cm, für die Kohlmeise, den Kleiber, Wendehals, Trauerschnäpper und Feldsperling 3,5 cm und für den Star 5 cm groß sein.

2 Jetzt wird der Nistkasten zusammengesetzt. An die Vorderwand (A) mit der Flugöffnung zunächst die große Seitenwand (B) schrauben. Anschließend eine der drei gleich großen Seitenwände (D) wie auf der Abbildung zu sehen anbringen.

3 Das Werkstück wenden. Die kleine Seitenwand (C) an einer Längsseite mit der Raspel abschrägen und wie auf dem Foto zu sehen anschrauben. Achten Sie dabei darauf, dass die abgeschrägte Seite nach außen zeigt. Dies ist für das spätere Aufklappen der noch fehlenden dritten Seitenwand von großer Bedeutung.

4 Nun die zweite Seitenwand (D) anschrauben. Die Lücke für die dritte Seitenwand (D) bleibt vorerst frei, da sie später beweglich eingehängt wird.

5 Schrauben Sie die Rückwand an. Dabei darauf achten, dass die größeren Bohrlöcher von Rück- und Vorderwand (A) passgenau übereinanderliegen.

6 Die dritte Seitenwand (D) in den entstanden Kasten stellen. Orientieren Sie sich hier am besten an den Arbeitsschrittfotos. Dann jeweils eine Schraube in die beiden großen Bohrlöcher stecken und so weit eindrehen, dass sich die dadurch entstandene Klappe leicht öffnen lässt.

7 Jetzt die kleinere Dachfläche (F) bündig zur Spitze und Rückseite anschrauben. Anschließend die zweite Dachhälfte (E) befestigen.

8 Um die Klappe des Nistkastens zu verschließen, an der unteren Spitze auf der Vorderseite ein 4 mm großes Loch bohren, den Schraubhaken durchstecken und in die darunterliegende Klappe eindrehen. Zur Reinigung den Schraubhaken aufdrehen, die Luke öffnen und das alte Nest entfernen.

9 Jetzt können Sie den Nistkasten bemalen und eine kleine ovale, mit dem Brennstab verzierte Holzscheibe anbringen.

10 Damit der Nistkasten vor Nässe geschützt ist, nun noch die Dachpappe anbringen. Die zurechtgeschnittene Pappe hat insgesamt sechs 2,5 cm lange Einschnitte (siehe durchgezogene Linien in der Vorlage). Klappen Sie die Dachpappe an den gestrichelten Linien um und legen Sie sie mittig auf das Dach. Zuerst die beiden Enden der Schmalseiten umklappen und mit Dachpappestiften annageln. Danach die Längsseiten befestigen.

11 Zum Schluss die oben und unten durchbohrte Dachlatte zur Befestigung an das Häuschen schrauben.

Der ideale Standort: Dieser Nistkasten kann entweder mithilfe der auf der Rückseite angeschraubten Dachlatte an einen Baum oder an einer Haus- oder Schuppenwand befestigt werden. Idealerweise ist das Flugloch dann nach Südosten ausgerichtet. Alternativ können Sie an der Firstspitze des Dachs auf der Vorder- und Rückseite jeweils eine Ringschraube eindrehen und einen Drahtbügel einhängen. Der Nistkasten kann dann frei hängend an einem Ast oder Balken angebracht werden.

Häuslichkeit für Nesthocker

MOTIVHÖHE: CA. 31 CM

1 Sämtliche Bauteile wie angegeben zusägen und die Bohrlöcher an den vorgegebenen Stellen bohren (ø 2 mm). Die in der Vorlage rot markierten Löcher an beiden Seitenwänden (A) mit dem Holzbohrer (ø 4 mm) bohren. Das Einflugloch sägen Sie entweder mit der Stichsäge oder der Dekupiersäge heraus. Nun die Vorderwand (C) an der Oberseite mit der Raspel und der Feile leicht abschrägen, den Winkel dabei der Schräge an die Seitenwand anpassen.

2 Schrauben Sie die Vorderwand (C) an den Boden (E). Die abgeschrägte Seite zeigt ins Nistkasteninnere und kann später noch angepasst werden, bevor das Dach aufgeschraubt wird.

MATERIAL

- Fichtenbretter, gehobelt, 2 cm stark
  Seitenwand (A): 2 x 25 cm x 18 cm
  Rückwand (B): 23 cm x 14 cm
  Vorderwand (C): 25 cm x 14 cm
  Dach (D): 28 cm x 20 cm
  Boden (E): 14 cm x 14 cm
  Eingang Mittelstück (F): 5 cm x 5 cm
  Eingang oben und unten (G):
  2 x 7 cm x 5 cm
- Dachpappe (H): 33 cm x 25 cm
- Universalschrauben, 4 cm lang
- 20 Dachpappestifte, verzinkt, 2 cm lang
- 3 Ringschrauben, ø 12 mm, 3 cm lang
- Schraubhaken, 6 cm lang
- Bohrer, ø 2 mm
- Holzbohrer, ø 4 mm
- Raspel und Feile
- Kohlepapier
- leergeschriebener Kugelschreiber
- Bindedraht, mit Kunststoff ummantelt, ø 2 mm (Aufhängebügel), ca. 1 m lang
- Lasur in Braun
- Brennstab

- Vorlage Seite 120–121

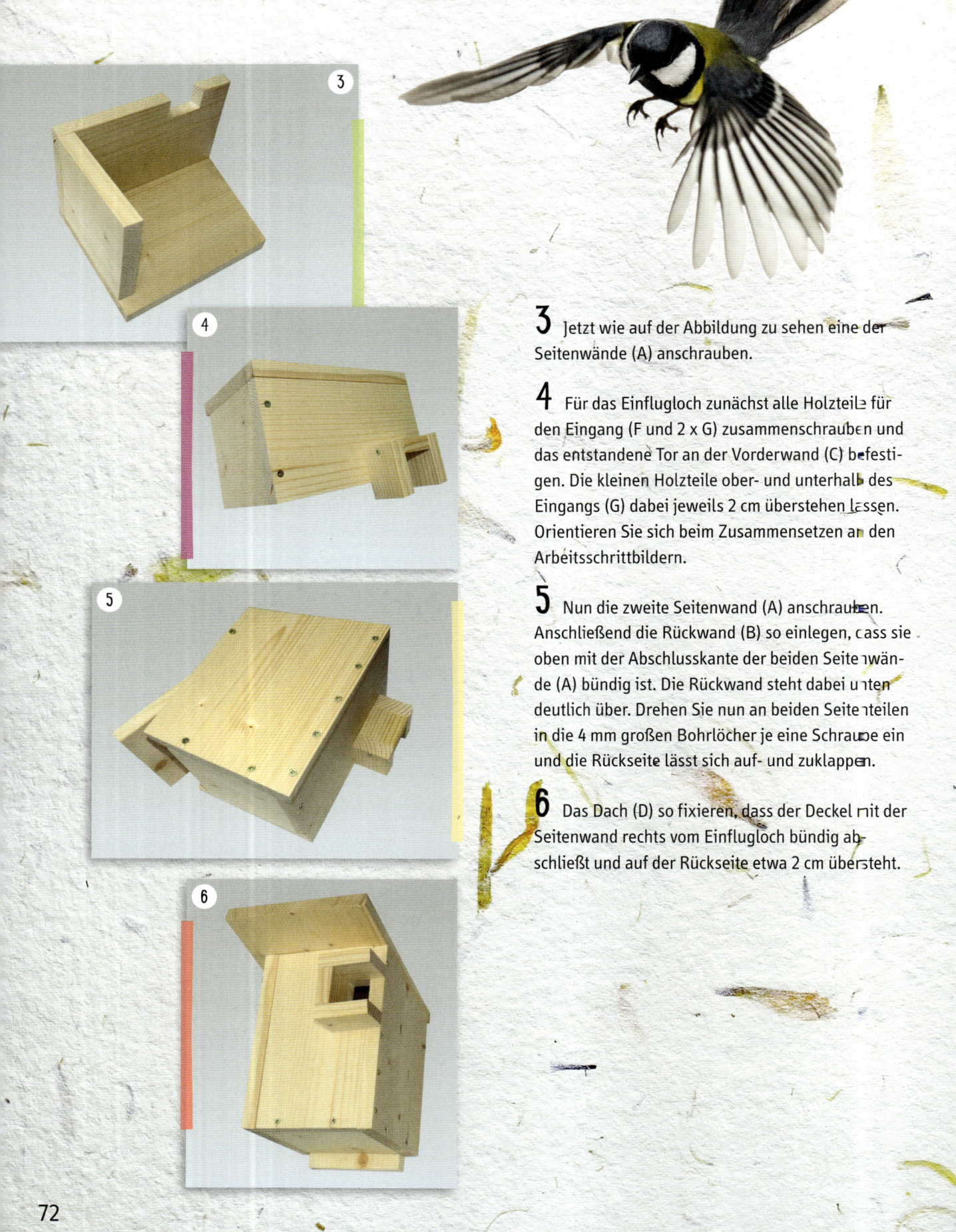

3 Jetzt wie auf der Abbildung zu sehen eine der Seitenwände (A) anschrauben.

4 Für das Einflugloch zunächst alle Holzteile für den Eingang (F und 2 x G) zusammenschrauben und das entstandene Tor an der Vorderwand (C) befestigen. Die kleinen Holzteile ober- und unterhalb des Eingangs (G) dabei jeweils 2 cm überstehen lassen. Orientieren Sie sich beim Zusammensetzen an den Arbeitsschrittbildern.

5 Nun die zweite Seitenwand (A) anschrauben. Anschließend die Rückwand (B) so einlegen, dass sie oben mit der Abschlusskante der beiden Seitenwände (A) bündig ist. Die Rückwand steht dabei unten deutlich über. Drehen Sie nun an beiden Seitenteilen in die 4 mm großen Bohrlöcher je eine Schraube ein und die Rückseite lässt sich auf- und zuklappen.

6 Das Dach (D) so fixieren, dass der Deckel mit der Seitenwand rechts vom Einflugloch bündig abschließt und auf der Rückseite etwa 2 cm übersteht.

7 Damit der Nistkasten bis zur Leerung im Herbst verschlossen bleibt, in die Ecke hinten links mit dem Holzbohrer ein Loch bohren (ø 4 mm) und die Klappe mit einem Schraubhaken schließen.

8 Die Dachpappe zuschneiden und an den in der Vorlage markierten Stellen (siehe durchgezogene Linien) von der Seite 2,5 cm tief einschneiden. An den gestrichelten Linien wird die Pappe umgeklappt. Die Dachfläche nun auf den Zuschnitt stellen, die Pappe an den schmalen Seiten vorne und hinten umklappen und mit jeweils drei Dachpappestiften festnageln. Die an den Ecken abstehenden Quadrate ums Eck knicken und die noch überstehende Pappe an den langen Seiten darüber klappen. Das Ganze mit jeweils sieben Dachpappestiften fixieren.

9 Den Nistkasten bemalen und mit Brandmalerei verzieren. Dazu eine Fotokopie der Vorlage mithilfe von Kohlepapier und einem leergeschriebenen Kugelschreiber auf den Nistkasten übertragen. Anschließend die Motivlinien mit dem Brennstab nachziehen.

10 Jetzt kann der Nistkasten am Baum angebracht werden. Der Eingang sollte dabei direkt am Stamm anliegen. Für die Aufhängung hinten und vorne am Dach jeweils eine Ringschraube eindrehen. Der Abstand der Ringschrauben zur Nistkastenkante bzw. zum Baumstamm beträgt dabei etwa 5 cm. An den Ringschrauben den Drahtbügel befestigen und diesen am Stamm fixieren. Als zusätzliche Fixierung können Sie am Nistkastenboden noch eine weitere Ringschraube eindrehen, ein zweites Drahtstück durch die Öse ziehen, dieses um den Baumstamm legen und die Drahtenden miteinander verdrehen.

Hinweis: Der Schlitzkasten eignet sich ideal für Garten- und Waldbaumläufer, wird aber auch sehr gerne von verschiedenen Meisenarten wie Blau-, Sumpf-, Hauben- und Tannenmeise angenommen. Der Vorbau verhindert, dass Katzen und Marder in den Nistkasten greifen können.

Für hungriges Federvieh

MOTIVHÖHE: CA. 24 CM

1 Sämtliche Holzteile wie angegeben aussägen. Dann mit dem Aufbau des Körnersilos beginnen. Bei den größeren Siloteilen (B) an der Unterseite jeweils eine 1,5 cm tiefe und 19 cm lange Fläche heraussägen. Den entstandenen Abschnitt mit der Raspel um 45° abschrägen. Die abgeschrägte Seite liegt später auf der Innenseite des Silos, damit die Körner besser herausquellen können. Die Abschrägung noch mit der Feile und dem Schleifpapier glätten und die zweite Siloseite ebenso bearbeiten.

MATERIAL

› Fichtenbretter, gehobelt, 2 cm stark
  Bodenplatte (A): 25 cm x 23 cm
  Körnersilo Längsseite (B): 2 x 23 cm x 20 cm
  Körnersilo Schmalseite (C): 2 x 20 cm x 3 cm
  Dachträger (D): 2 x 31 cm x 3,5 cm
  (beide Seiten schräg abgesägt)
  Dachfläche (E): 2 x 29 cm x 15 cm
  Silodeckel (F): 29 cm x 13,5 cm
  Deckelunterteil (G): 19 cm x 2,7 cm

› Holzleisten, 2 cm x 1,5 cm, 2 x 23 cm lang
  und 4 x 7 cm lang

› Dachpappe (H): 34 cm x 18,5 cm

› Dachpappe (I): 2 x 34 cm x 17,5 cm

› 4 Ringschrauben, ø 5 mm, 3 cm lang

› 36 Universalschrauben, 4 cm lang

› 2 Universalschrauben, 3,5 cm lang
  (Deckelunterteil)

› 36 Dachpappestifte, verzinkt, 2 cm lang

› 16 Drahtstifte, 3 cm lang (Leisten befestigen)

› Bindedraht, mit Kunststoff ummantelt,
  ø 2 mm (Aufhängung)

› Acrylfarbe in Weiß und Gelb

› Deco-Painter in Weiß

› Raspel und Feile

› Schleifpapier, mittlere Körnung

› Bohrer, ø 2 mm

› Vorlage Seite 122–123

2 Schrauben Sie zwischen die Längsseiten (B) die schmalen Siloteile (C), sodass eine rechteckige Röhre entsteht.

3 Nun die Dachträger (D) 3 cm vom oberen Rand des Silos entfernt an den beiden Schmalseiten fixieren und die Konstruktion von unten mit jeweils drei Schrauben auf der Bodenplatte (A) befestigen.

4 Beide Dachflächen (E) wie auf der Abbildung zu sehen mit jeweils sechs Schrauben auf die Dachträger (D) schrauben.

5 Für den Silodeckel (F) das Deckelunterteil (G) mittig anschrauben. Dafür die beiden kürzeren Schrauben verwenden. Der Deckel kann nun auf das Silo aufgesteckt werden.

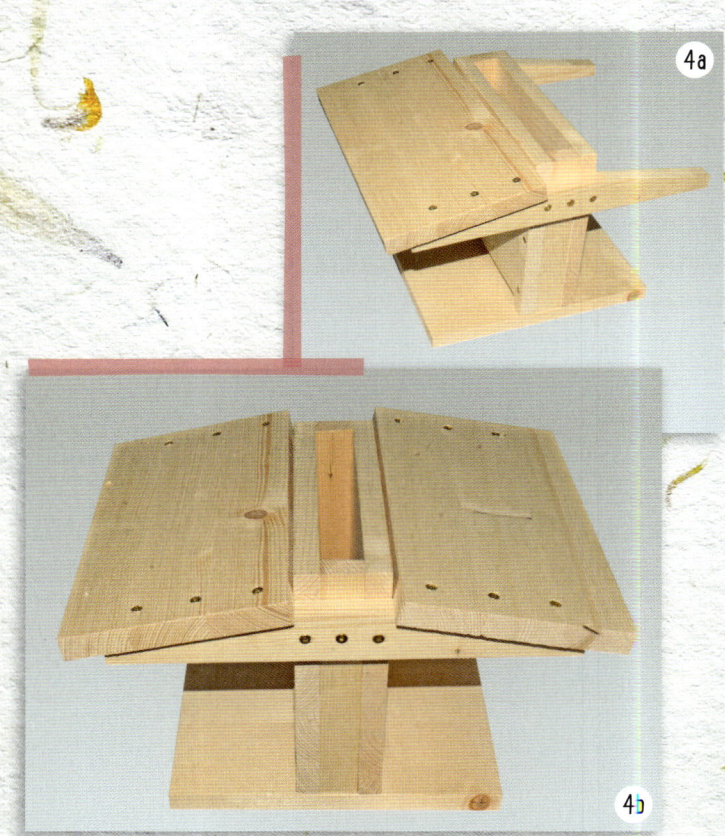

6 Damit das Futterhäuschen etwas vor Regen geschützt ist, das Dach jetzt noch mit Dachpappe ummanteln. Den Zuschnitt für den Silodeckel (H) an den wie in der Vorlage eingezeichneten durchgezogenen Linien jeweils 2,5 cm tief einschneiden und mittig auflegen. Dann die Dachpappe an den Schmalseiten umklappen und mit Dachpappestiften annageln. Die überstehenden Ecken umbiegen, die Pappe an den Längsseiten darüberschlagen und ebenfalls fixieren. Bei den beiden Dachflächen (E) gehen Sie ebenso vor, diese haben jedoch nur jeweils einen langen Seitenrand zum Umklappen.

7 Die Holzleisten gemäß der Abbildung auf die Bodenplatte (A) nageln und an den Dachrändern noch insgesamt vier Ringschrauben für die Aufhängung eindrehen.

8 Zum Schluss das Futterhäuschen bemalen. Die Schneekristalle werden mit dem weißen Deco-Painter aufgemalt.

Anflugstelle für Nimmersatte

MOTIVHÖHE: CA. 15 CM

1 Alle Holzteile aussägen. Dann zuerst die lange Holzleiste mit den kurzen Drahtstiften bündig auf die Bodenplatte (B) und danach die kurzen Holzleisten aufnageln.

2 Nun die Rückwand (A) mit vier langen Drahtstiften von hinten an der Bodenplatte (B) fixieren.

MATERIAL

- Fichtenholzbretter, gehobelt, 2 cm stark
  Rückwand (A): 13 cm x 20,5 cm
  Bodenplatte (B): 13 cm x 10 cm
  Dachfläche (C): 13 cm x 15 cm
  Dachfläche (D): 15 cm x 15 cm
- Holzleisten, 2 cm x 2 cm, 2 x 6 cm und 1 x 13 cm lang
- Birkenrindenplatte, 29 cm x 15,5 cm
- 14 Drahtstifte, verzinkt, 4 cm lang
- 8 Drahtstifte, 3,5 cm lang (Holzleisten)
- 12 Dachpappestifte, verzinkt, 2 cm lang
- 2 Ringschrauben, ø 12 mm, 3 cm lang
- Schraubhaken, rechtwinklig abgebogen, 3 cm lang
- Kordel oder Bindedraht, mit Kunststoff ummantelt, ø 2 mm (Aufhängung)
- Acrylfarbe in Weiß und Taubengrau

- Vorlage Seite 124

3 Für das Dach die beiden Dachflächen (C und D) bündig und rechtwinklig zusammennageln. Orientieren Sie sich hierbei an der Abbildung.

4 Legen Sie das zusammengezimmerte Dach so auf die Rückwand, dass es auf der Rückseite bündig mit der Wand abschließt. Dann das Dach mit den Drahtstiften von oben aufnageln.

5 Um ein Nusssäckchen oder einen Meisenknödel aufzuhängen, nun an der Rückwandinnenseite den Schraubhaken eindrehen.

> **Tipp:** Anstelle des Futtersäckchens können Sie auch einfach eine Körnermischung oder Nüsse in den Häuschenboden einstreuen.

6 Jetzt das Futterhäuschen wie abgebildet oder nach Wunsch bemalen.

7 Die Birkenrindenplatte mit der Schere oder einem Cutter zurechtschneiden und mit den Dachpappestiften auf dem Dach befestigen.

8 Zum Schluss auf der Giebelvorder- und -rückseite jeweils eine Ringschraube eindrehen und mit dem Bindedraht oder einer kräftigen Schnur aufhängen.

Vogel-Diner

MOTIVHÖHE: CA. 21 CM

1 Fertigen Sie vom unteren Motivteil eine Kartonschablone an. Kopieren Sie sich dafür die Vorlage, schneiden Sie sie grob aus und kleben Sie das Teil auf den Karton. Das Motiv anschließend exakt ausschneiden. Die Innenfläche schneiden Sie mit einem Cutter auf einer Schneideunterlage heraus.

2 Die Schablone so auf das größere Holzteil legen, dass die gerade Seite bündig mit dem Rand abschließt. Dann die Konturen mit Bleistift nachziehen. Die Position des Bohrlochs für das Rundholzstäbchen mit einem Körner durch den Karton ins Holz stechen. Die Einstichstelle ist nun auf dem Holz gut sichtbar.

MATERIAL

› Fichtenbrett, gehobelt, 2 cm stark
  Dach (A): 18 cm x 8 cm
  Unterteil (B): 25 cm x 20 cm
› Rundholzstab, ø 6 mm, 20 cm lang
› 2 Universalschrauben, 4 cm lang
› Ringschraube, ø 12 mm, 3 cm lang (Aufhängung)
› Schraubhaken, 3 cm lang (Meisenknödel aufhängen)
› Acrylfarbe in Dunkelbraun und Rotbraun
› fester Karton, A3
› Bohrer, ø 2 mm
› Holzbohrer, ø 6 mm
› Holzfeile
› Schleifpapier
› Körner

› Vorlage Seite 125

3 Mit dem Holzbohrer (ø 6 mm) nun das Loch an der markierten Stelle bohren. Für das Heraussägen der Innenfläche ein zweites Loch bohren. Das Loch können Sie an einer beliebigen Stelle setzen, allerdings sollte es etwa 1 cm von der Bleistiftlinie entfernt sein, denn auf der Holzrückseite fransen die Bohrlöcher gerne etwas aus.

4 Nun das Sägeblättchen an der Dekupiersäge an einer Seite lösen, das Blatt durch das Bohrloch stecken und wieder an der Säge fixieren. Dann die Innenfläche heraussägen.

5 Als Nächstes sägen Sie das Motiv entlang des Umrisses aus. Die Ränder glätten Sie anschließend mit einer Feile und Schleifpapier.

6 Das Holz für das Dach (A) wie angegeben zusägen und drei Löcher (ø 2 mm) bohren. Das mittlere ist für die Aufhängung bestimmt, die beiden äußeren für die Befestigung des Unterteils (B). Den Schraubhaken für das Futtersäckchen wie auf der Abbildung zu sehen in der Mitte eindrehen.

7 Nun das Unterteil (B) und das Dach (A) vorsichtig mit zwei Schrauben verbinden.

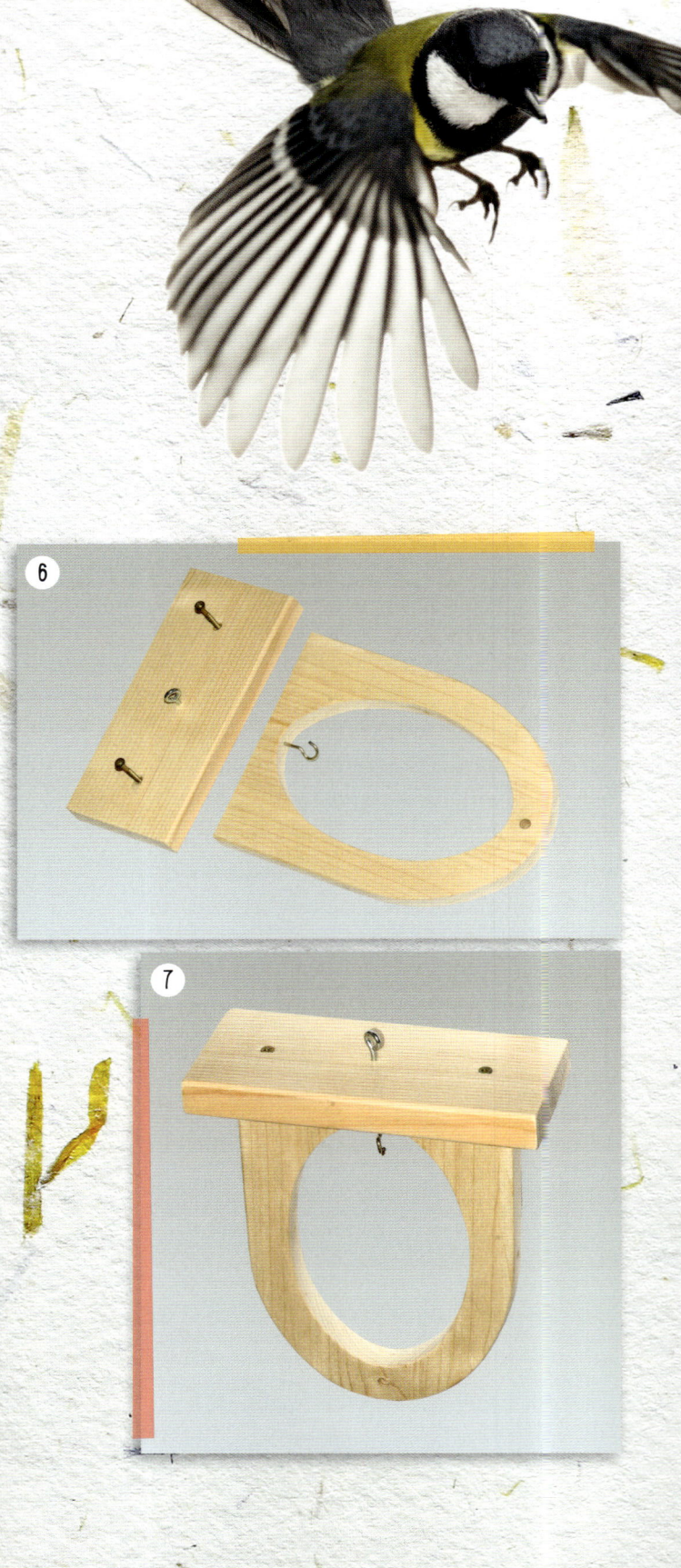

8 Jetzt bekommt die Futterstelle einen Anstrich. Das Rundholzstäbchen dabei nicht vergessen.

9 Zuletzt das Rundholzstäbchen als Sitzstange etwa zur Hälfte einstecken und das Futtersäckchen an den Schraubhaken hängen.

> **Tipp:** Anstelle des Nusssäckchens können Sie auch einen Meisenknödel oder einen Meisenring in die Futterstelle hängen.

Tipp:
Wenn noch etwas Fett übrig ist, können Sie die Reste in ein flaches Joghurt- oder Käseschälchen gießen und noch einmal ein paar Körner darüber streuen. Das Gefäß können Sie anschließend auf die Fensterbank stellen oder beim Holzscheit mit aufhängen.

Für hungrige Besucher

MOTIVLÄNGE: CA. 30 CM

1 Den Forstnerbohrer in eine Bohrmaschine (ein Akkuschrauber ist hierfür zu schwach!) und diese in einen Bohrständer einspannen. Dann vier Vertiefungen in regelmäßigen Abständen ausfräsen. Die Bohrtiefe beträgt 1,5–2 cm.

2 Damit die Vögel das Futter herauspicken können, unterhalb der ausgefrästen Vertiefungen jeweils ein Loch (ø 5 mm) bohren und in dieses ein Holzstäbchen stecken.

3 Für die Aufhängung in das obere Holzscheitende seitlich ein Loch durchbohren. Ist das Holzstück an dieser Stelle zu breit (und infolgedessen der Bohrer zu kurz), durchbohren Sie schräg die Ecken und auf der Rückseite, an der das Holzscheit schmal zuläuft, ein weiteres Loch. Durch alle drei Löcher jeweils eine Schnur ziehen und die Enden verknoten.

4 Decken Sie Ihren Arbeitsplatz mit alten Zeitungen ab. Erwärmen Sie das Pflanzenfett, bis es durchsichtig wird und geben Sie die Nüsse oder die Körnermischung in das Fett. Das Futter setzt sich relativ zügig auf dem Topfboden ab. Mit dem Löffel jetzt das Fett und die Körner in die Vertiefungen gießen. Gehen Sie dabei besonders behutsam vor und geben Sie nicht zu viel Fett auf einmal in die Löcher. Andernfalls läuft es über das Holzscheit. Es ist besser, etwas weniger Fett und später noch Körner oder Nussstückchen in die erkaltende Masse einzudrücken.

5 Sobald das transparente Fett erkaltet ist, wird es wieder weiß. Dann kann das Holzscheit aufgehängt werden.

MATERIAL

- Holzscheit, ca. 30 cm lang, mindestens 10 cm breit (Rindenseite)
- 4 Rundholzstäbchen, ø 5 mm, 10 cm lang
- dicker Bindfaden
- Forstnerbohrer, ø 5 cm
- Holzbohrer, ø 5 mm
- Pflanzenfett in Blockform, 250 g
- gehackte Nüsse (z. B. Erdnüsse) oder Körnermischung (Sonnenblumensamen, Buchweizen, Haferflocken etc.), optisch etwa die gleiche Menge wie das Fett
- kleiner Kochtopf
- großer Löffel
- Gummihandschuhe
- alte Zeitung

Delikater Augenschmaus

MOTIVGRÖSSE: 30 CM

1 Die Walnüsse vorsichtig in zwei Hälften teilen und das Innere herauslösen. Dann in jede Walnusshälfte nebeneinander jeweils zwei Löcher (ø 2 mm) bohren. Den Bindedraht in zehn gleich lange Teile (33 cm) teilen und den Draht von der Außenseite nach innen durch die Bohrung und wieder zurück fädeln.

2 Das Pflanzenfett in einem kleinen Topf schmelzen, etwa die doppelte Menge an Vogelfutter einrühren und wieder erkalten lassen. Kurz bevor das Ganze fest wird, füllen Sie die Masse mit dem Löffel in die Walnusshälften und stellen die Nüsse über Nacht kühl.

3 Ziehen Sie die Erdnüsse mithilfe der Nähnadel wie eine Kette auf den Faden, indem Sie sie seitlich durchstechen. Die Fadenenden anschließend um die erste und die letzte Nuss verknoten. Nun die Kette um den Kranz legen und den Faden nach jeder dritten Nuss mit Krampen sichern. Wenn Sie den Kranz an eine Tür hängen möchten, befestigen Sie an der Kranzunterseite am besten keine Nüsse, damit er besser anliegt.

4 Teilen Sie den Beerenzweig in drei Teile und befestigen Sie mit Heißkleber alle Dekoelemente. Die gefüllten Walnusshälften binden Sie mit dem Draht um den Kranz. Die Drahtenden dabei auf der Kranzrückseite verdrehen. Zum Schluss das Band um den Kranz binden und die Enden verknoten.

MATERIAL

- Mooskranz, ø 30 cm
- Walnüsse
- Erdnüsse
- Pflanzenfett, 100 g
- Vogelfutter, 200 g
- Beerenzweig
- getrocknete Apfelscheiben
- Zapfen, 3 cm hoch
- Schleifenband in Grün mit Vogelmotiv, 4 cm breit, 1 m lang
- Zwirn in Weiß, 2 m lang
- Nusszange
- kleiner Kochtopf
- Löffel
- Krampen
- Bindedraht in Grün, 3,3 m lang
- Bohrer, ø 2 mm
- Heißklebepistole
- Zange
- dicke Nähnadel

Leckerei zum Anbeißen

MOTIVHÖHE: 18 CM

1 Schneiden Sie mit einer Stichsäge die obere Fläche des Tannenzapfens gerade ab, damit sie später gut an der Holzhalbkugel anliegt. Den Mittelpunkt der Fläche markieren und ein 2 cm tiefes Loch (ø 1,5 mm) bohren. Dann den Schraubhaken eindrehen.

2 Nun auf der Unterseite der Holzhalbkugel den Mittelpunkt markieren. Den Gummiring über die Holzhalbkugel ziehen und diese in dem Glasschälchen platzieren. Bohren Sie die Kugel an der markierten Stelle durch (ø 4 mm). Anschließend noch einmal eine größere, 2 cm tiefe Bohrung (ø 1 cm) am selben Punkt ausführen, damit der Schraubhaken des Zapfens sich dort setzen kann.

3 Sägen Sie die Blätter gemäß der Vorlage zweimal aus Sperrholz aus und schleifen Sie die Kanten. Dann den Stiel des Eichenblattes durchbohren (ø 4 mm). Nun die Holzhalbkugeln in Braun und die Blätter in Grün lasieren. Schattieren Sie die Blätter, indem Sie etwas braune Farbe in die noch nasse grüne Farbe ziehen. Alles gut trocknen lassen.

4 Jetzt das Pflanzenfett schmelzen, das Vogelfutter einrühren und die Masse abkühlen lassen. Kurz bevor die Masse fest wird, füllen Sie sie mit einem Löffel in die Zwischenräume der Zapfen. Es ist hilfreich, erst eine Seite zu füllen und die Zapfen anschließend auf einem Teller in den Kühlschrank zu legen. Ist die Vogelfuttermasse fest, die zweite Hälfte befüllen. Binden Sie die Kordel an dem Schraubhaken fest und ziehen Sie die Schnur von unten durch die Holzhalbkugel.

5 Zum Schluss den Rundholzstab in zwei gleich große Teile sägen und in das Loch am Blattstiel leimen. Dann seitlich, ca. 2 cm von der Mitte entfernt, ein 2 cm tiefes Loch in die Holzhalbkugel bohren (ø 4 mm) und das Blatt anleimen.

MATERIAL

- 2 Holzhalbkugeln aus Buche, ø 10 cm
- Pappelsperrholz, wasserfest verleimt, 10 cm x 10 cm, 0,8 cm stark
- Rundholzstab, ø 4 mm, 5 cm lang
- 2 Zapfen, ca. ø 9 cm, ca. 12 cm lang
- Pflanzenfett, 500 g
- Vogelfutter, 1000 g
- 2 Schraubhaken in Silber, ø 2,3 mm, 2 cm lang
- Kordel in Grün, ø 2 mm, 2 x 1 m lang
- Lasur in Grün und Braun
- Holzleim
- Glasschälchen, ø 9,5 cm
- Gummiring
- Bohrer, ø 1,5 mm, 4 mm und 1 cm
- Schleifpapier, mittlere Körnung

- Vorlage Seite 113

Feiner Kuchenschmaus

MOTIVHÖHE: 6,5 CM

1 Das Pflanzenfett schmelzen und das Vogelfutter einrühren. Kurz bevor die Masse fest wird, füllen Sie das Vogelfuttergemisch mit einem Löffel in die Gugelhupfform. Das Ganze über Nacht im Kühlschrank kalt stellen.

2 Den Gugelhupf aus dem Kühlschrank holen und von allen Seiten kurz anföhnen. Der Kuchen kann bereits nach kurzer Zeit gestürzt werden.

3 Zeichnen Sie mithilfe eine Zirkels zwei Kreise (ø 26 cm und 2,5 cm) auf das Sperrholz. Die Kreise mit der Stichsäge aussägen und die Kanten schleifen. Anschließend den kleineren Kreis in die Mitte des großen Kreises leimen und von der Unterseite festschrauben. Nun den Teller lackieren.

4 Zuletzt aus Reisig einen kleinen Kranz binden und mit etwas Sisal, einigen Beeren und Federn verzieren. Stellen Sie den Gugelhupf in die Mitte des Tellers und legen Sie den Kranz darum.

MATERIAL

- Pflanzenfett, 500 g
- Vogelfutter, 1000 g
- Reisig
- Beeren, Federn und Sisal
- Pappelsperrholz, wasserfest verleimt, 30 cm x 30 cm, 1,2 cm stark
- Schraube, ø 0,3 mm, 2 cm lang
- Holzlasur in Braun
- Holzleim
- Sprühklarlack
- Bindedraht
- Gugelhupfform, ø 14 cm
- kleiner Kochtopf
- Löffel
- Föhn
- Schleifpapier, mittlere Körnung

Kleinigkeit für Zwischendurch

MOTIVHÖHE: Z.B. 7 CM

1 Machen Sie in die Mitte eines ca. 1 m langen Bindfadens einen Knoten, den Sie aber noch nicht ganz zuziehen. Die Knotenöse über die Spitze des Zapfens schieben und den Knoten zuziehen. Anschließend noch zwei weitere Knoten machen, damit der Zapfen gut befestigt ist.

2 Das Pflanzenfett erwärmen, bis es durchsichtig ist. Dann die gehackten Nüsse bzw. die Körnermischung in das Fett geben. Das Futter setzt sich nun relativ zügig auf dem Topfboden ab.

3 Den Zapfen an beiden Fadenenden über den Topf halten und das Fett mithilfe eines Löffels darüber gießen, bis er gänzlich bedeckt ist. Den übergossenen Zapfen über einer alten Zeitung ein paar Minuten abtropfen lassen. Auf diese Weise noch 3–4 weitere Zapfen übergießen.

4 Die meisten Nussstücke befinden sich nun noch im Topf. Ziehen Sie sich die Gummihandschuhe über und holen Sie das restliche Futter mit dem Löffel heraus, sobald das Fett etwas weiß geworden ist. Den Zapfen in eine Hand legen und das Futter mit dem Löffel in die Zapfenzwischenräume streichen. Dann den Löffel beiseitelegen und das Fett mit den Fingern noch besser in die Zwischenräume drücken.

MATERIAL

- Schwarzkiefernzapfen
- Pflanzenfett in Blockform, 100 g
- gehackte Nüsse (z. B. Erdnüsse) oder Körnermischung (Sonnenblumensamen, Buchweizen, Haferflocken etc.), optisch etwa die gleiche Menge wie das Fett
- Bindfaden
- kleiner Kochtopf
- großer Löffel
- Gummihandschuhe
- alte Zeitung

Residenz für Marienkäfer

SEITE 16–19
Vorlage bitte auf 200% vergrößern

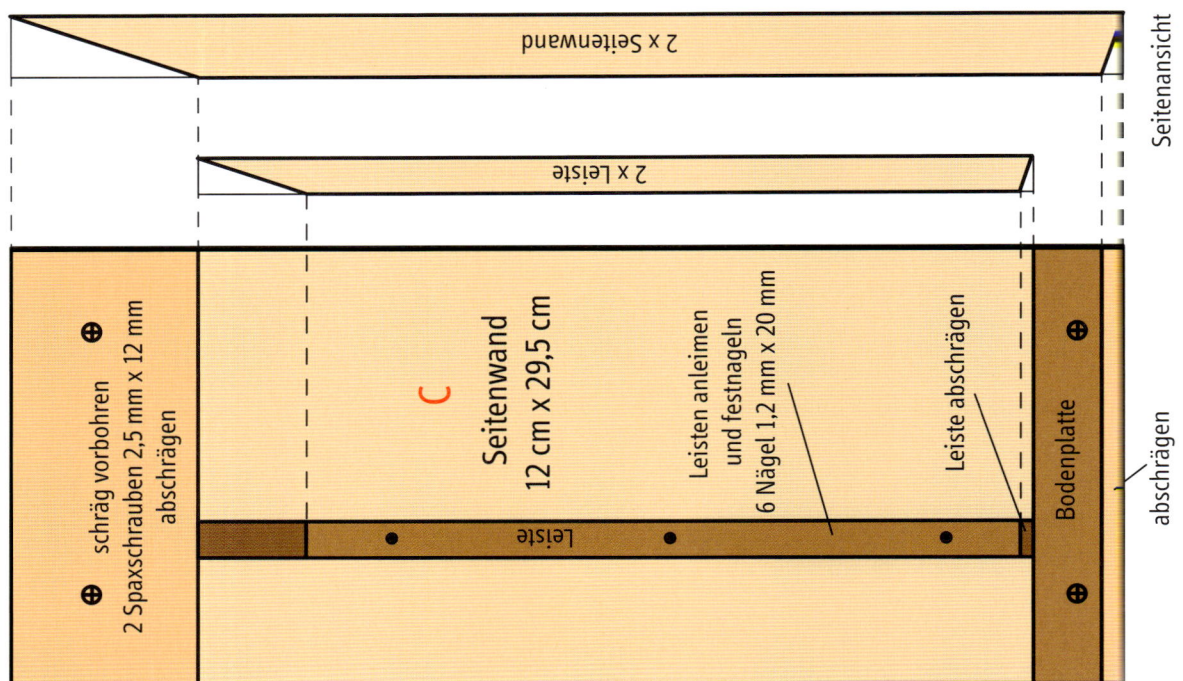

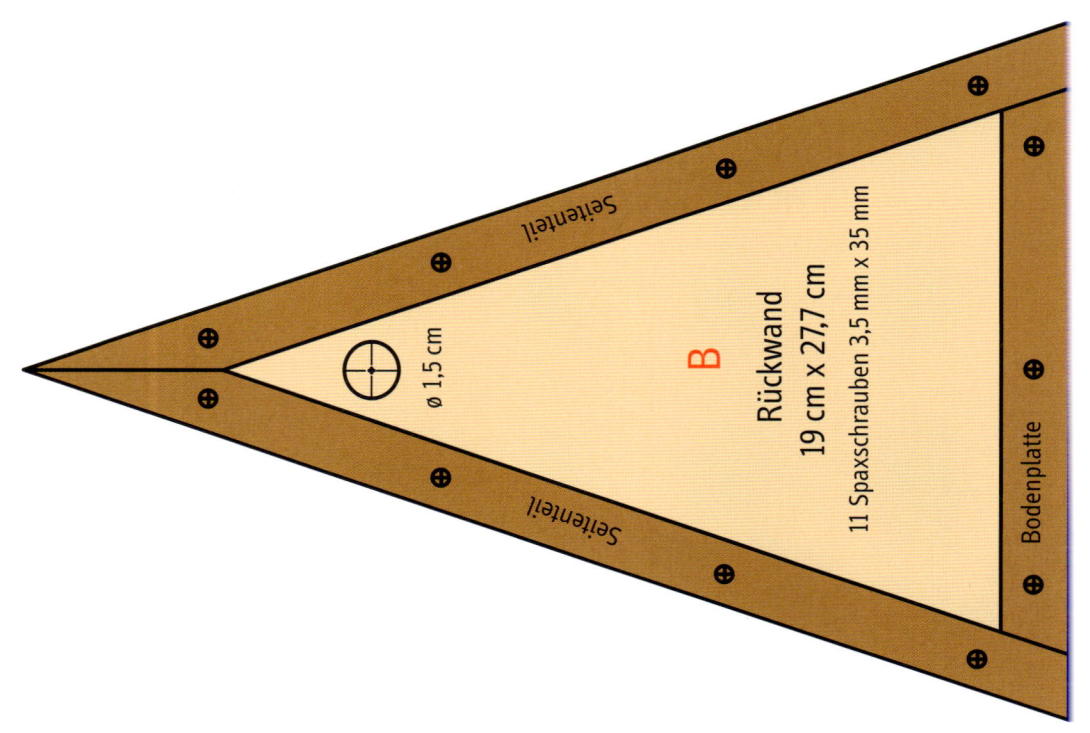

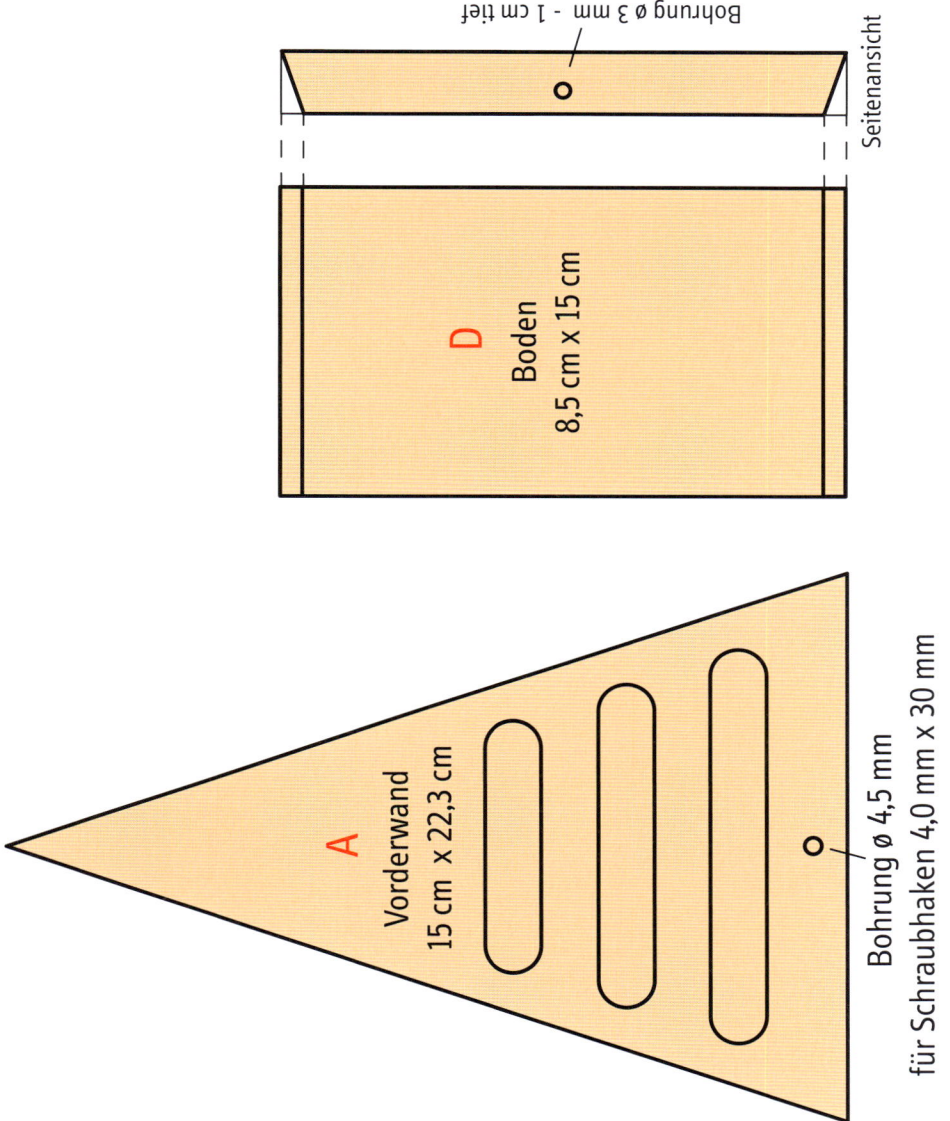

Feudale Hummelherberge

SEITE 20–25

Vorlage bitte auf 250% vergrößern

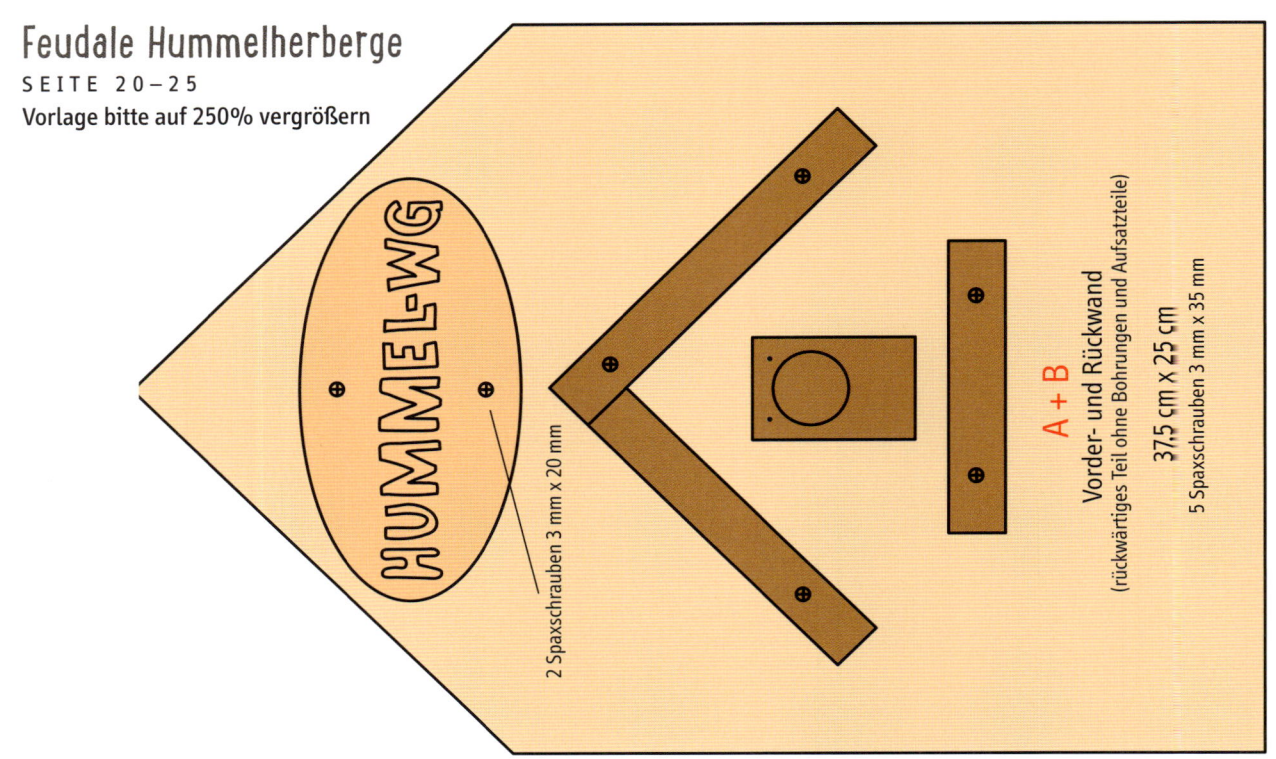

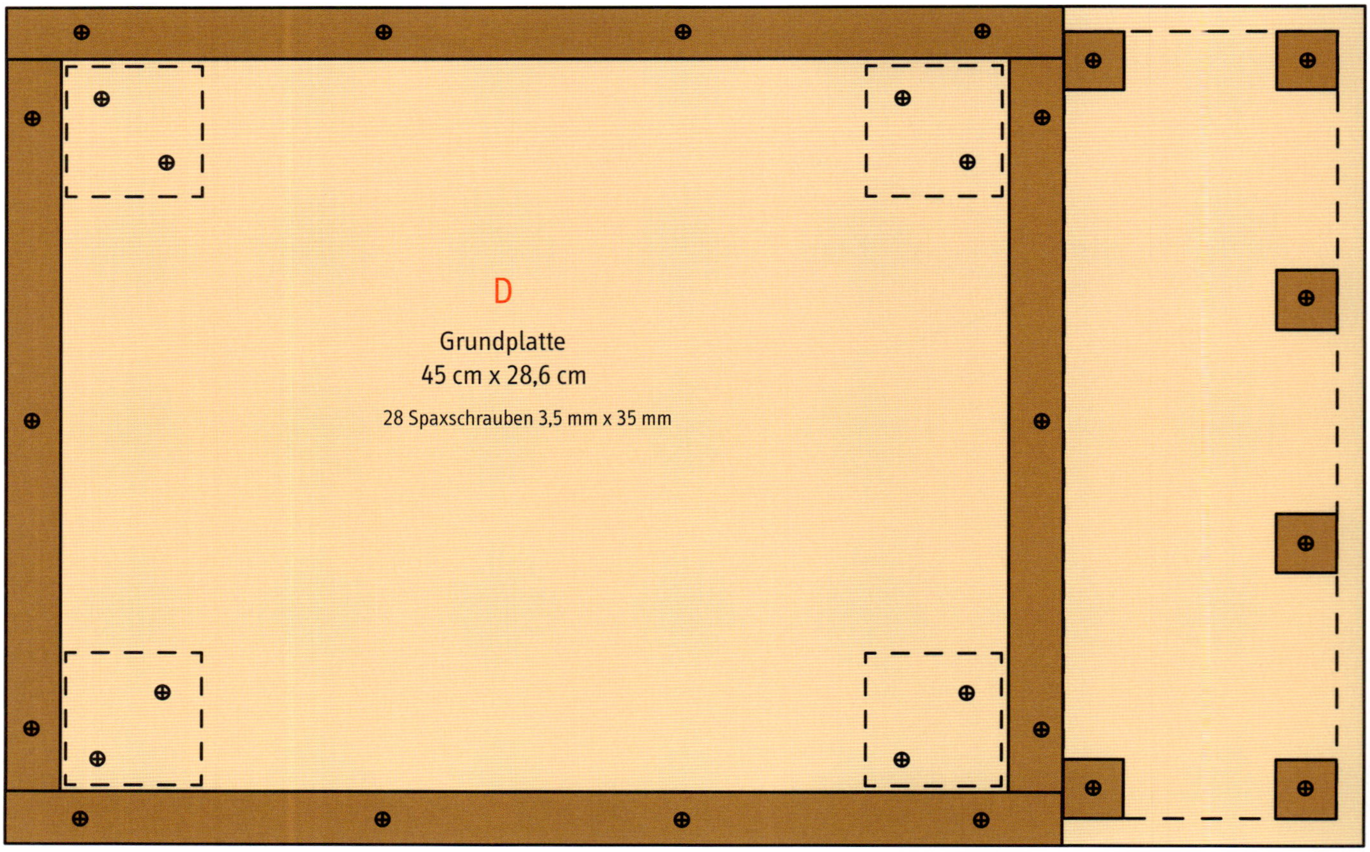

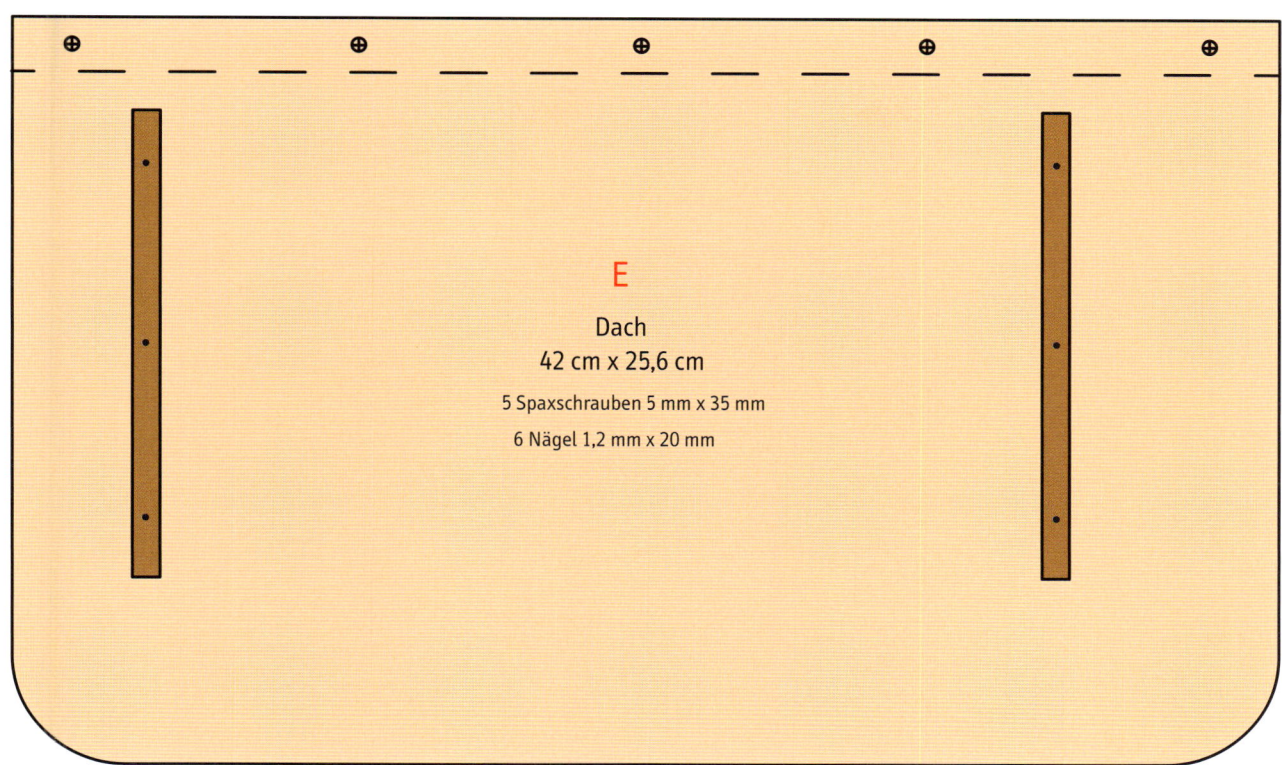

E

Dach
42 cm x 25,6 cm

5 Spaxschrauben 5 mm x 35 mm

6 Nägel 1,2 mm x 20 mm

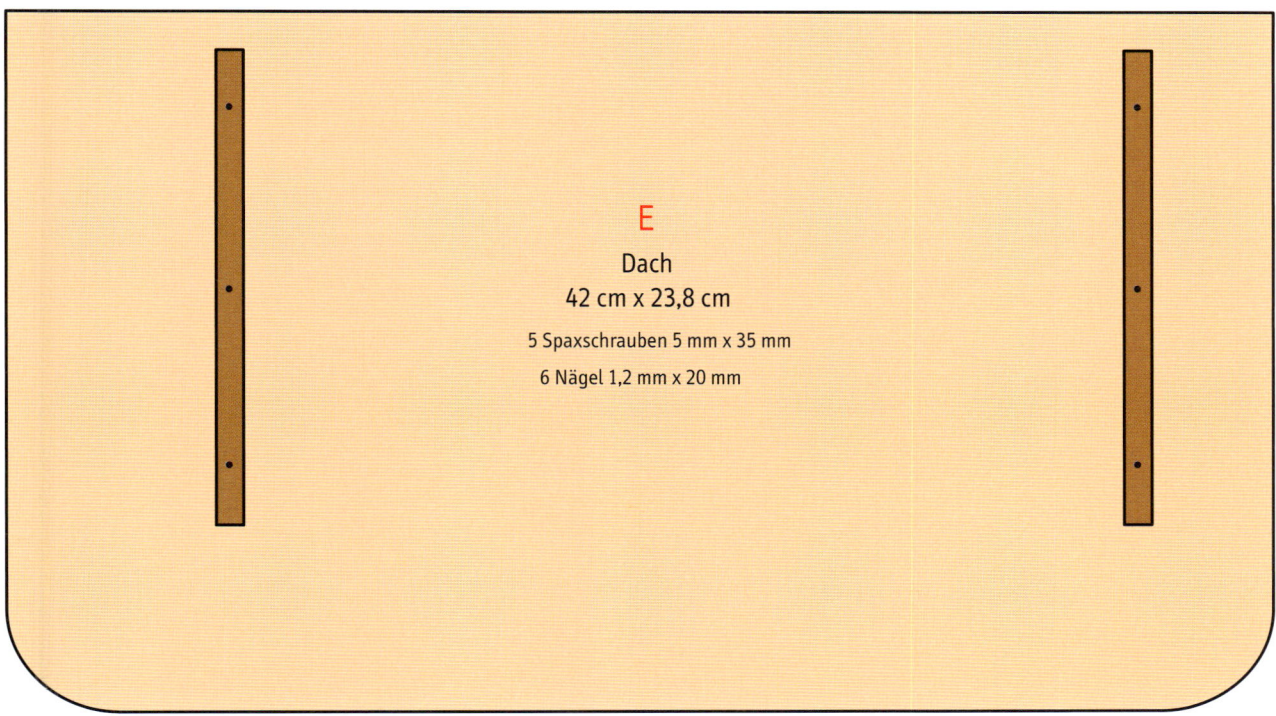

E

Dach
42 cm x 23,8 cm

5 Spaxschrauben 5 mm x 35 mm

6 Nägel 1,2 mm x 20 mm

Feudale Hummelherberge

SEITE 20–25
Vorlage bitte auf 250% vergrößern

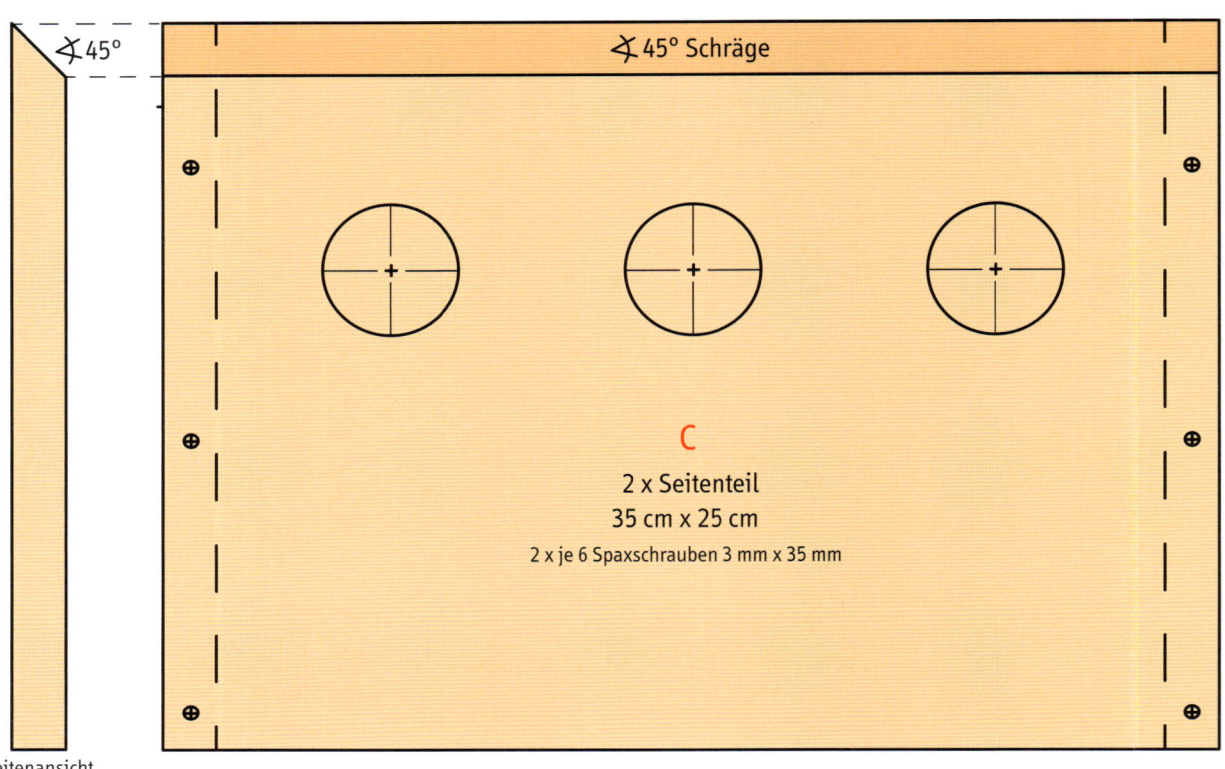

Anflugbrett
10 cm x 7 cm x 1,8 cm

Vordach
11,7 cm x 3 cm x 1,8 cm

Vordach
13,5 cm x 3 cm x 1,8 cm
2 Spaxschrauben 3,5 mm x 35 mm

∠45°   ∠45° Schräge

C
2 x Seitenteil
35 cm x 25 cm
2 x je 6 Spaxschrauben 3 mm x 35 mm

Seitenansicht

A
Seitenwand links
17 cm x 17 cm
3 Spaxschrauben 3,5 mm x 35 mm

beide Seiten im rechten Winkel
verleimen und verschrauben

B — Seitenwand rechts - 17 cm x 15,2 cm

Kleine Bienenhochburg
SEITE 26–29
Vorlage bitte auf 200% vergrößern

Seitenwand links

Rückwand
17 cm x 17 cm

5 Spaxschrauben 3,5 mm x 35 mm

beide verschraubten Seitenwände
mit Rückwand verleimen und verschrauben

Seitenwand rechts

Kleine Bienenhochburg
SEITE 26–29
Vorlage bitte auf 200% vergrößern

E
Dachseite links
21,8 cm x 21,8 cm

3 Spaxschrauben 3,5 mm x 35 mm

beide Dachteile im rechten Winkel
verleimen und verschrauben

D Dachseite rechts - 21,8 cm x 20 cm

C
Rückwand
17 cm x 17 cm

Dach mit Rückwand hinten bündig verschrauben
6 Spaxschrauben 3,5 mm x 35 mm

1 Spaxschraube 3,5 mm x 35 mm
zum Befestigen der Biene

Dach mit Seitenteilen verschrauben
Platzierung der Schrauben 4 cm vom unteren Dachrand
und von der Vorderseite 5 cm und 10 cm
je Seite 2 Spaxschrauben 3,5 mm x 35 mm

Bohrung ø 4,5 mm   3 Spaxschrauben 3,5 mm x 35 mm

F Aufhängebrett - 30 cm x 3,5 cm

Zarte Schmetterlingsunterkunft

SEITE 30–33
Vorlage bitte auf 200% vergrößern

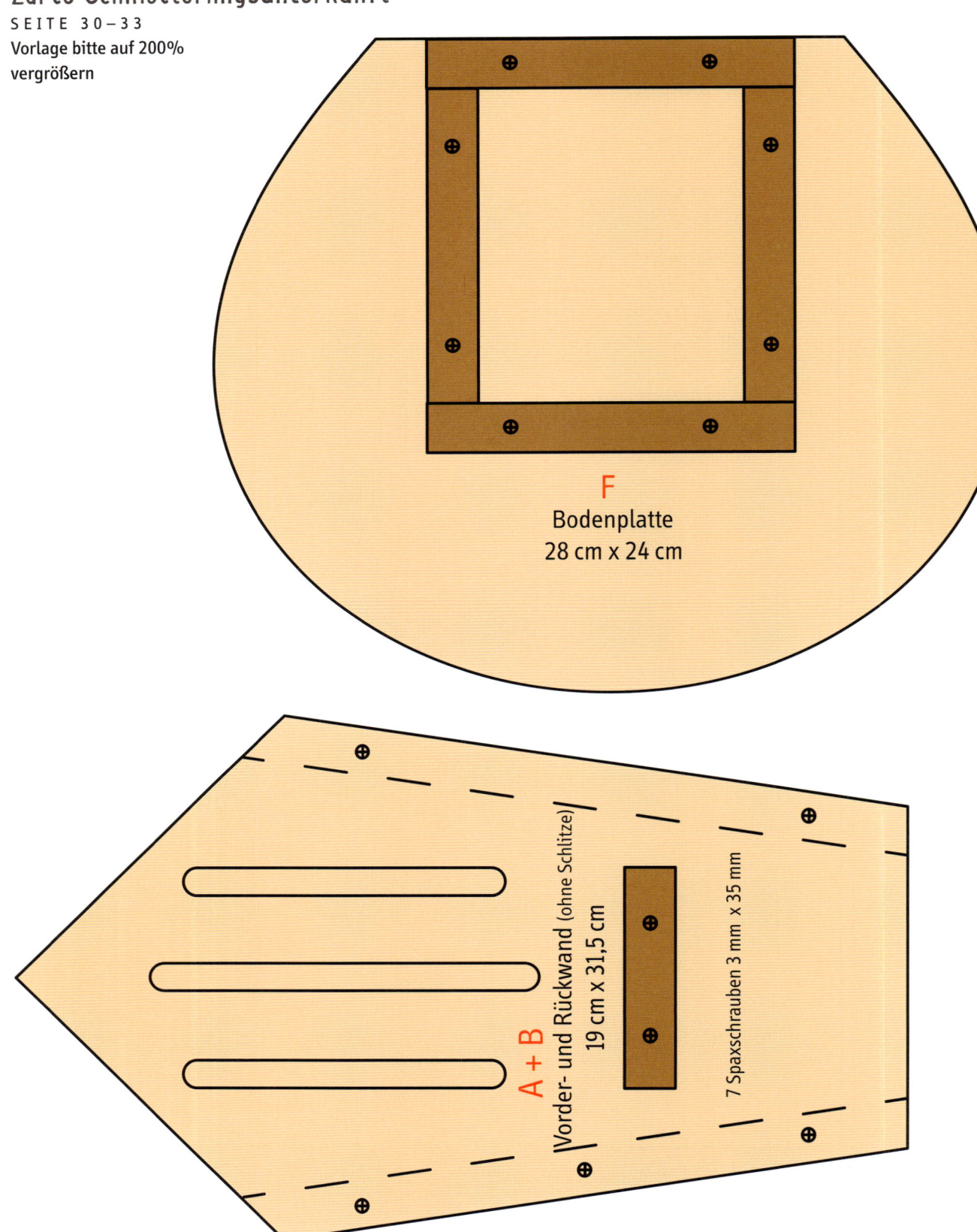

F
Bodenplatte
28 cm x 24 cm

A + B
Vorder- und Rückwand (ohne Schlitze)
19 cm x 31,5 cm

7 Spaxschrauben 3 mm x 35 mm

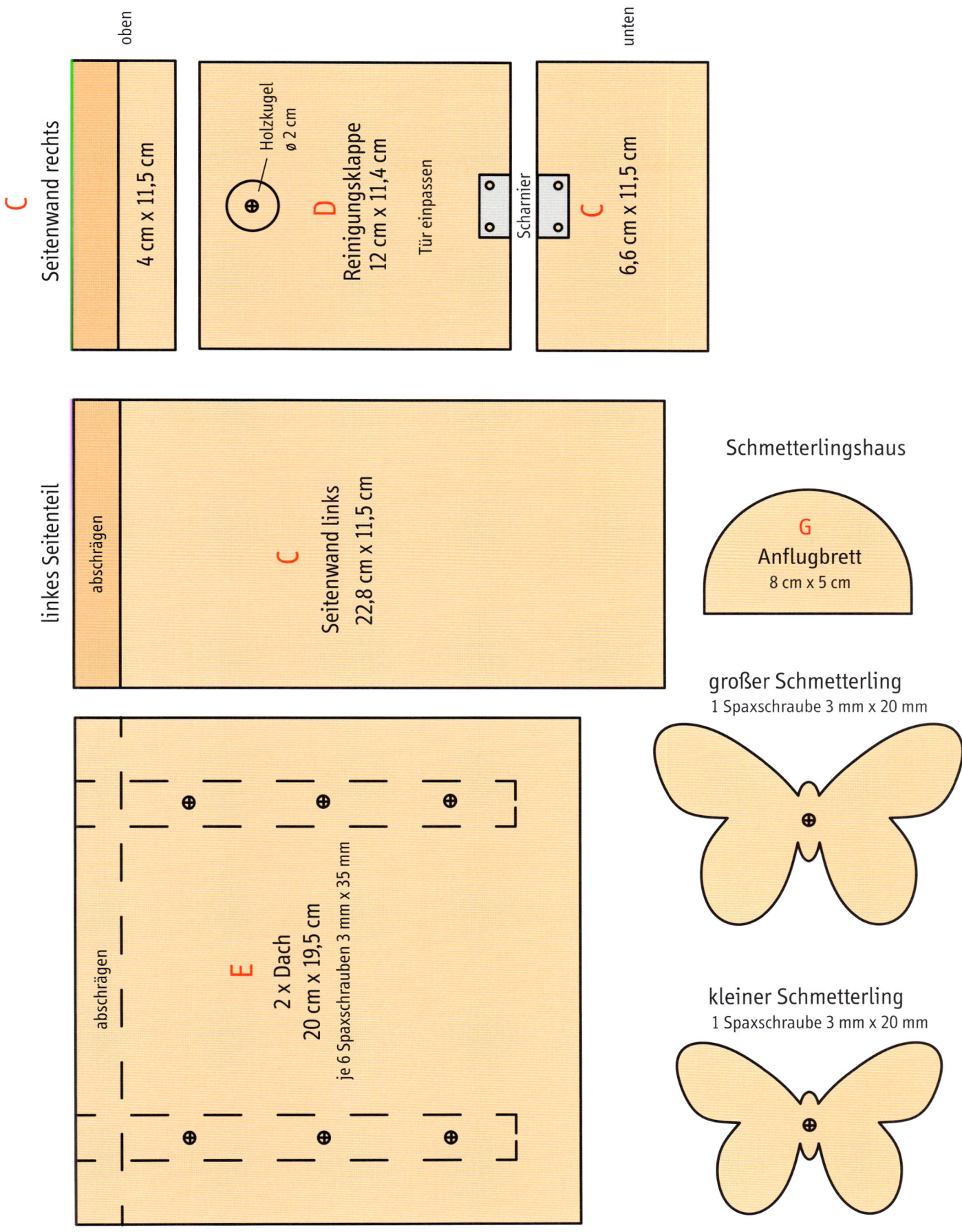

Internationales Insektenhotel
SEITE 34–37
Vorlage bitte auf 400% vergrößern

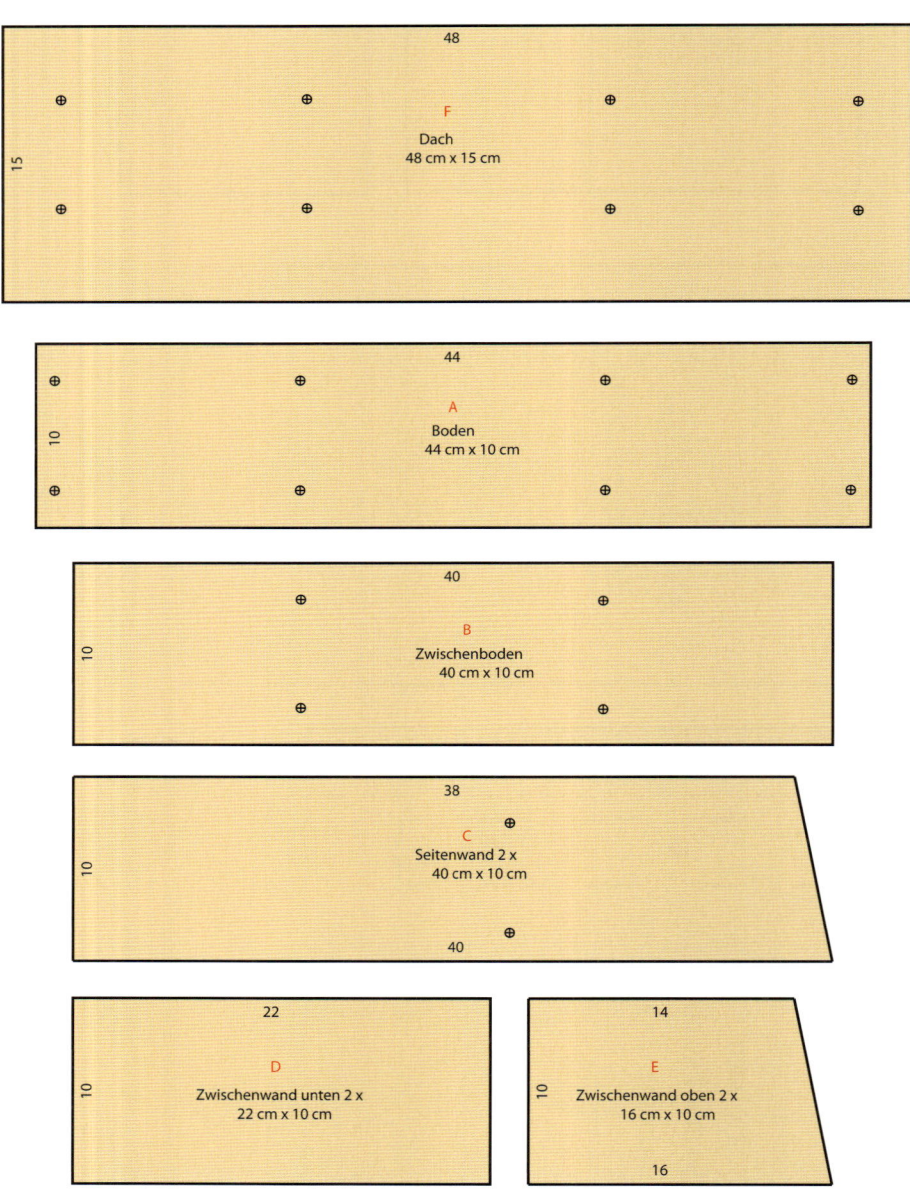

E
E
B
C
C
D
D
A
40
22
2
11
14
11
44

18
Sperrholzplatte
18 cm x 22 cm
1
4
22

53
2,5
2,5
G
Dachpappe
53 cm x 20 cm
20
2,5
2,5

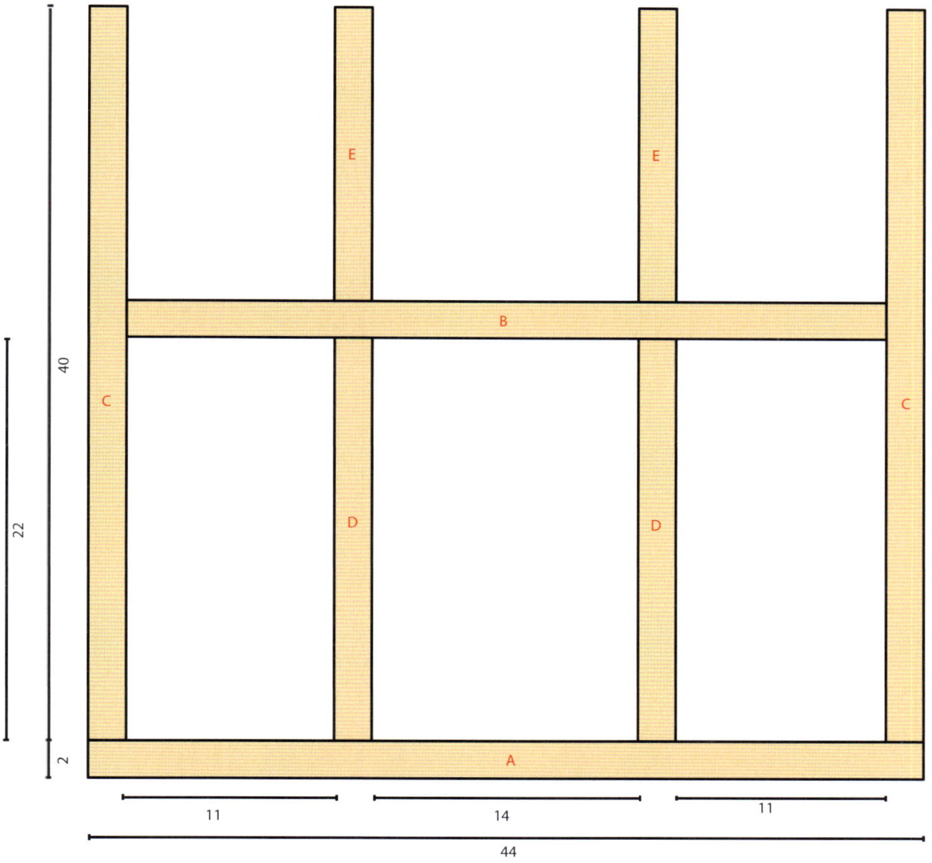

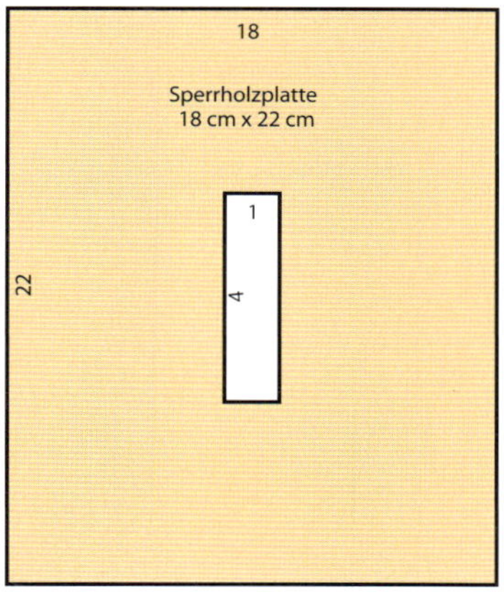

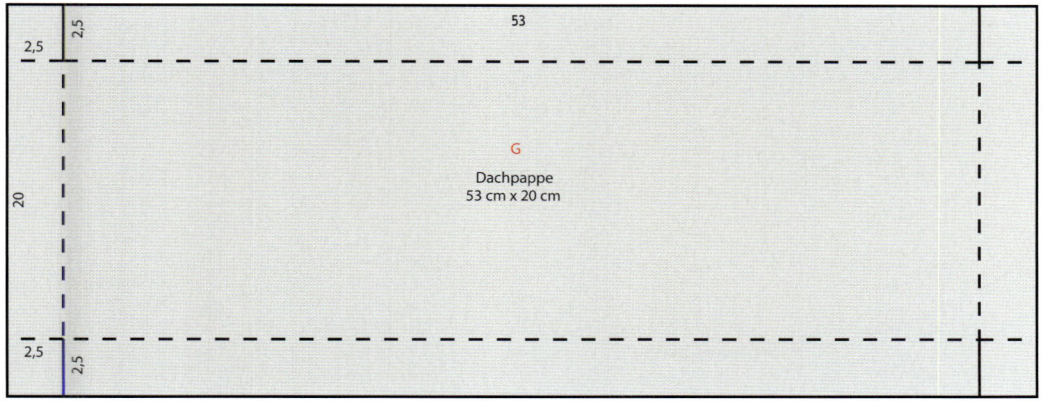

Eichhörnchen-Snackbar
SEITE 40–43
Vorlage bitte auf 240% vergrößern

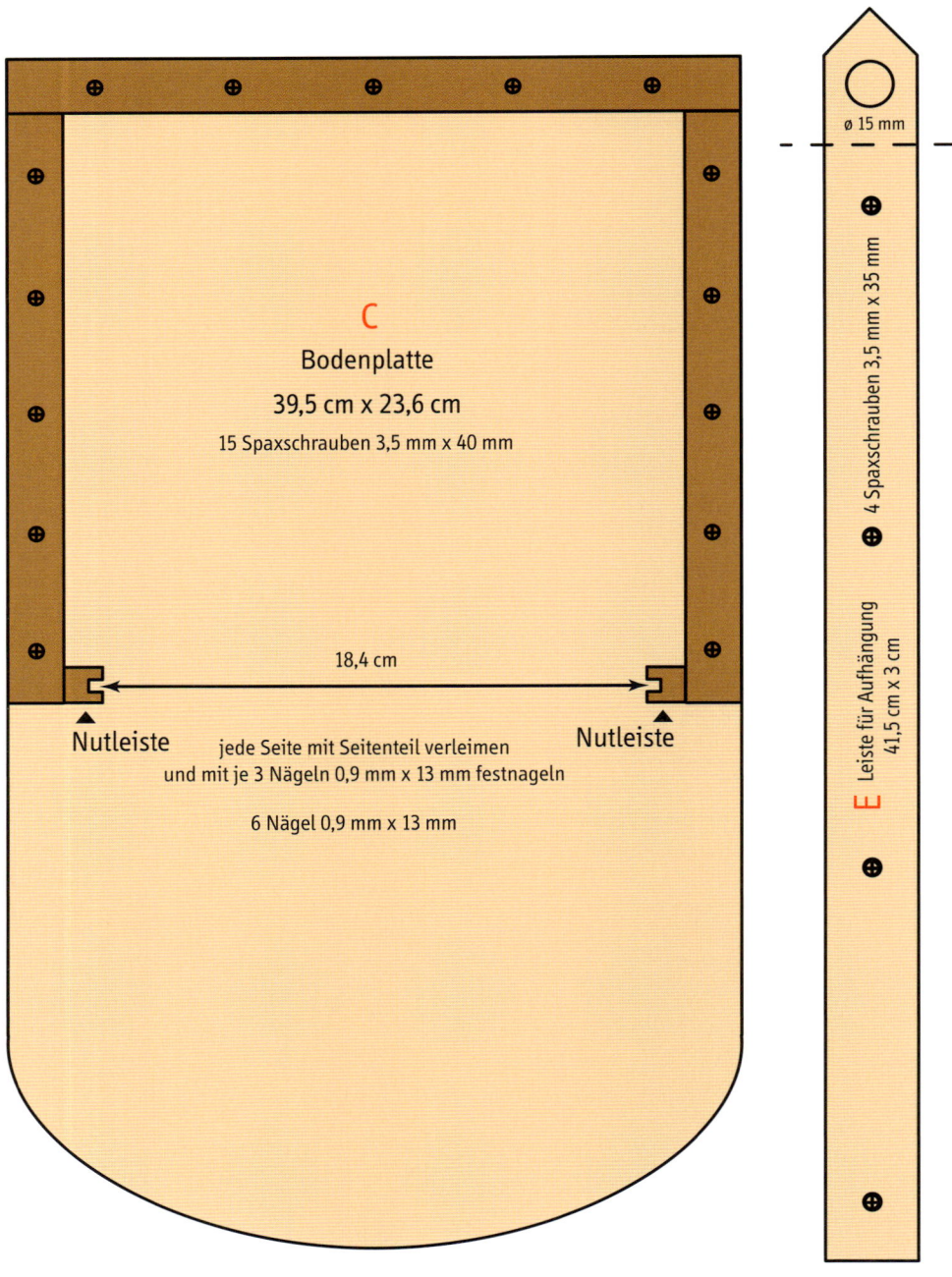

Seitenwände, davon 1x seitenverkehrt
20 cm x 20 cm
60 Nägel 0,9 mm x 13 mm

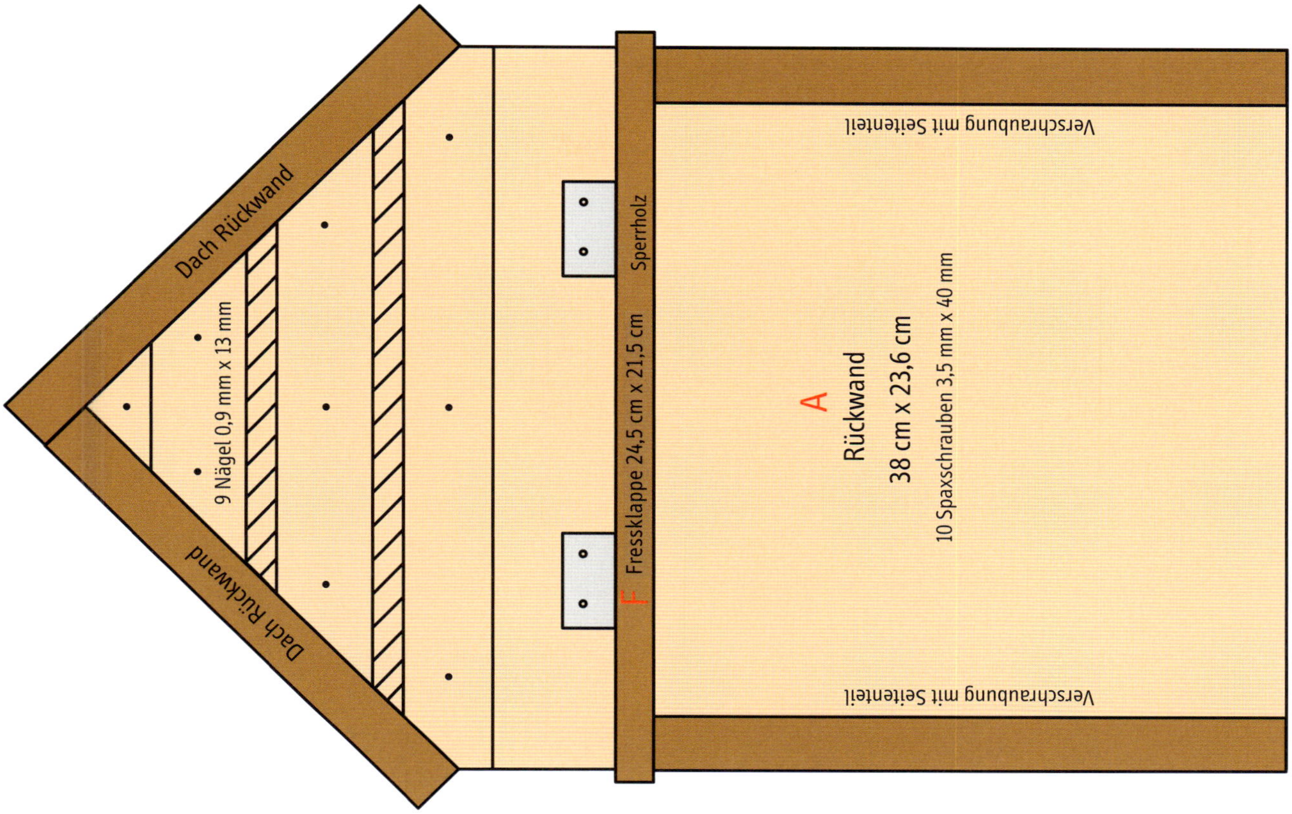

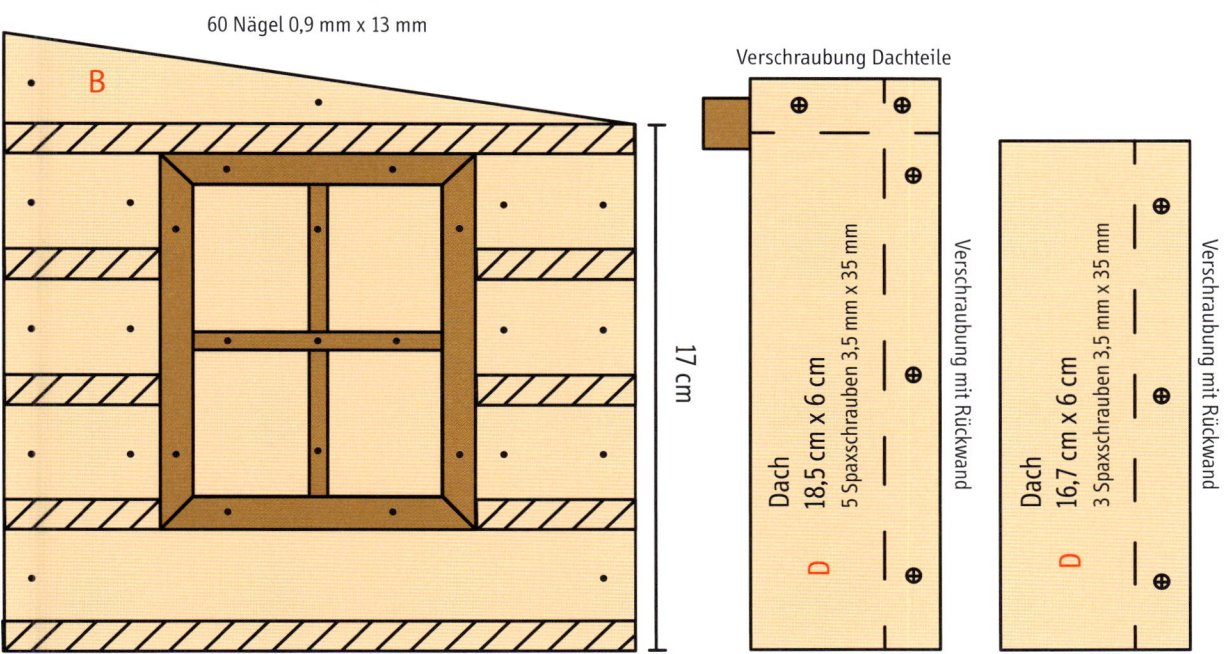

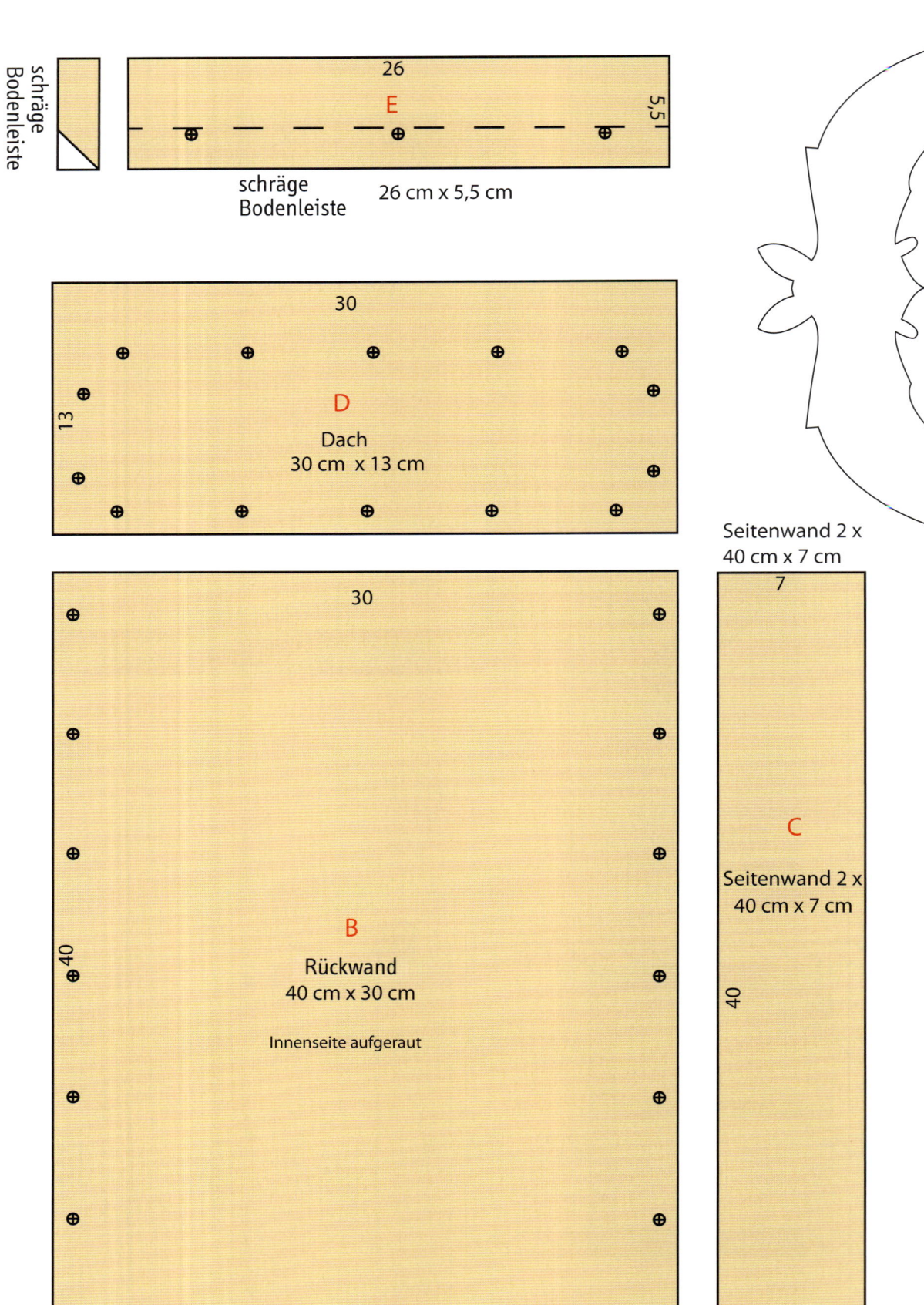

Nistkasten für Nachtschwärmer

SEITE 44–47
Vorlage bitte auf 275% vergrößern

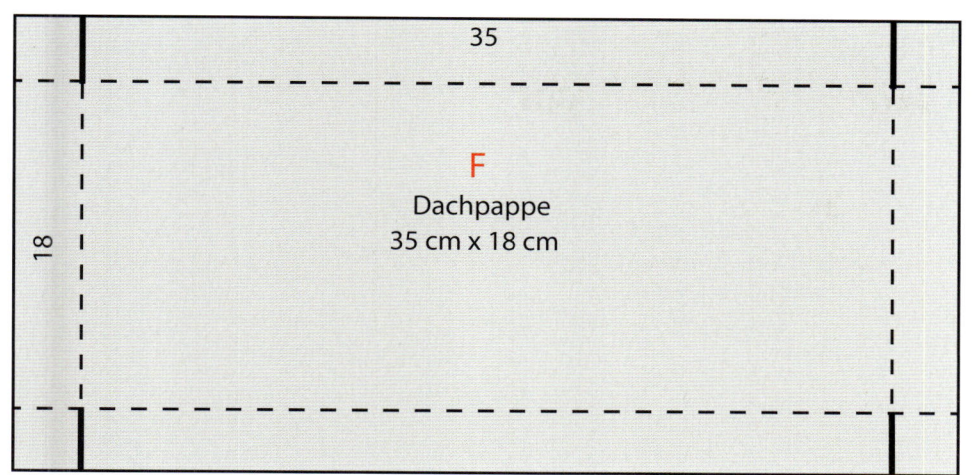

F
Dachpappe
35 cm x 18 cm

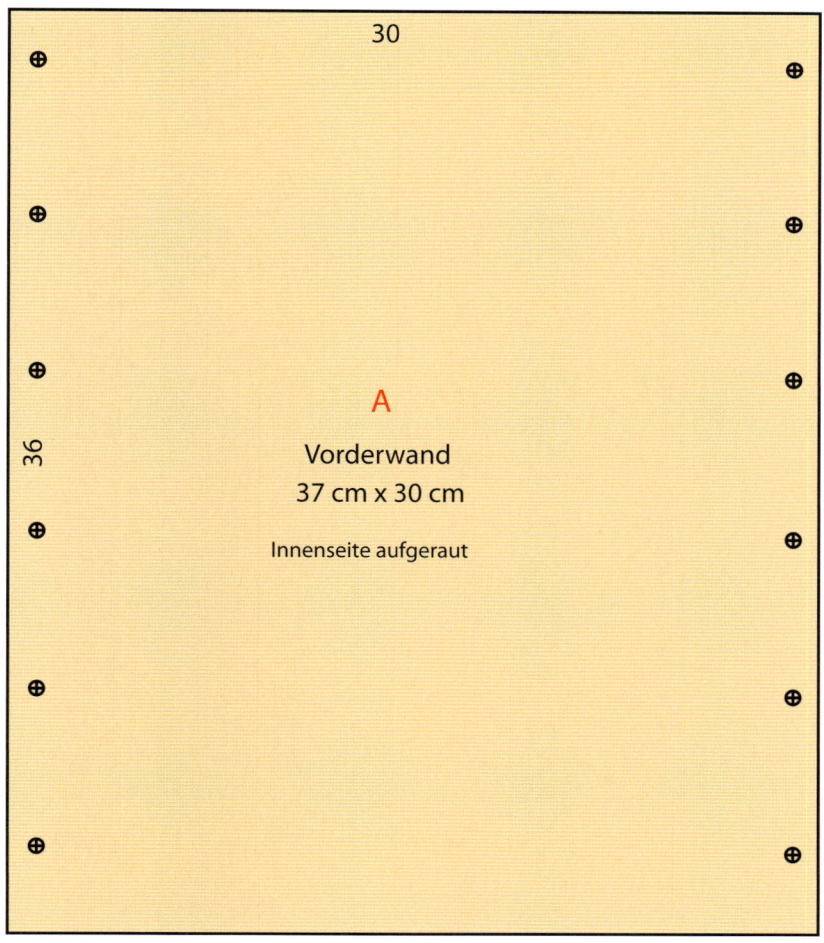

A
Vorderwand
37 cm x 30 cm

Innenseite aufgeraut

Schnitt von der Seite

Winterquartier für Igel

SEITE 48–51

Vorlage bitte auf 260% vergrößern

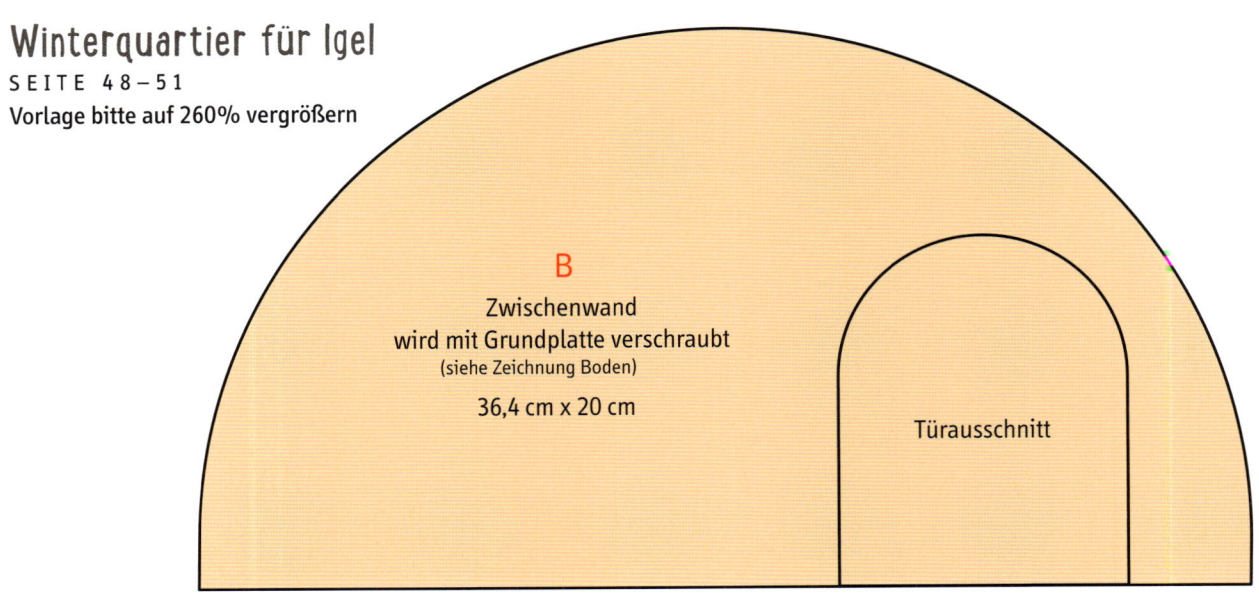

B
Zwischenwand
wird mit Grundplatte verschraubt
(siehe Zeichnung Boden)
36,4 cm x 20 cm

Türausschnitt

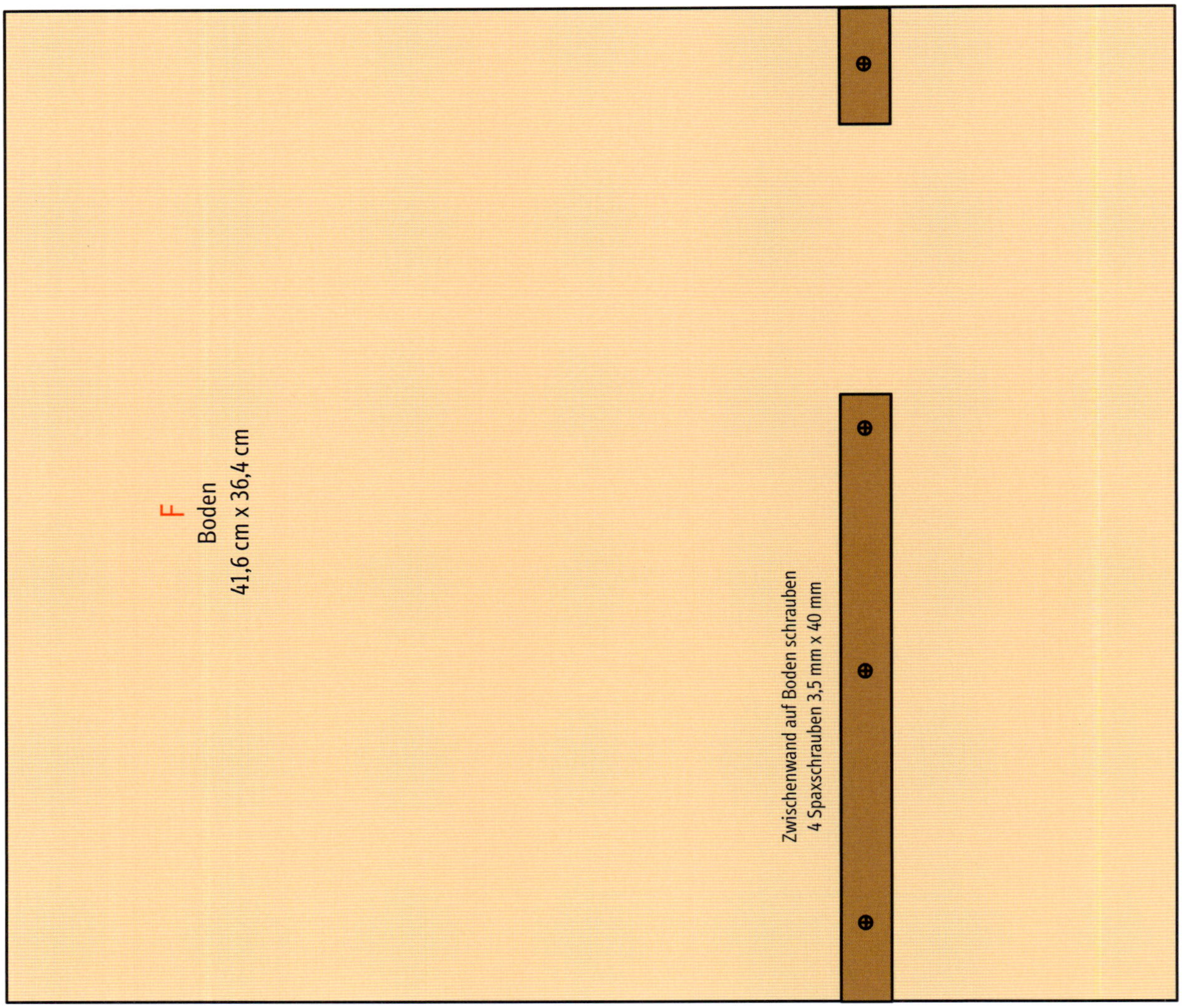

F
Boden
41,6 cm x 36,4 cm

Zwischenwand auf Boden schrauben
4 Spaxschrauben 3,5 mm x 40 mm

Verschrauben des Vorderteils mit den Dachleisten
19 Spaxschrauben 3,5 mm x 40 mm
Check-in
A
Vorderwand
40 cm x 23,6 cm
Zaun festnageln
12 Nägel 1,2 mm x 20 mm
Verschrauben des Vorderteils
mit der Grundplatte
3 Spaxschrauben 3,5 mm x 40 mm
Grundplatte
Bodenleiste 40 cm x 3,5 cm
Verschrauben der Bodenleiste mit dem Vorderteil
4 Spaxschrauben 3,5 mm x 40 mm - 0,9 cm nach innen

Schraubhaken
Befestigung für Rundholzkugel ø 1,5 cm
1 Spaxschraube 3 mm x 25 mm
C
Rückwand
40 cm x 23,6 cm
D
Reinigungsklappe
24 cm x 16,2 cm
Verschrauben des Rückenteils
mit den Dachleisten
19 Spaxschrauben 3,5 mm x 40 mm
Verschrauben des Rückenteils
mit der Grundplatte
3 Spaxschrauben 3,5 mm x 40 mm
Grundplatte
Bodenleiste 40 cm x 3,5 cm
Verschrauben der Bodenleiste mit dem Rückenteil
4 Spaxschrauben 3,5 mm x 40 mm - 0,9 cm nach innen

Verschraubung Treppe
Boden
Treppe
10 cm x 3,5 cm
Bodenleiste
40 cm x 3,5 cm
Treppe
10 cm x 5,5 cm
verschrauben mit
je 4 Spaxschrauben 3 mm x 35 mm

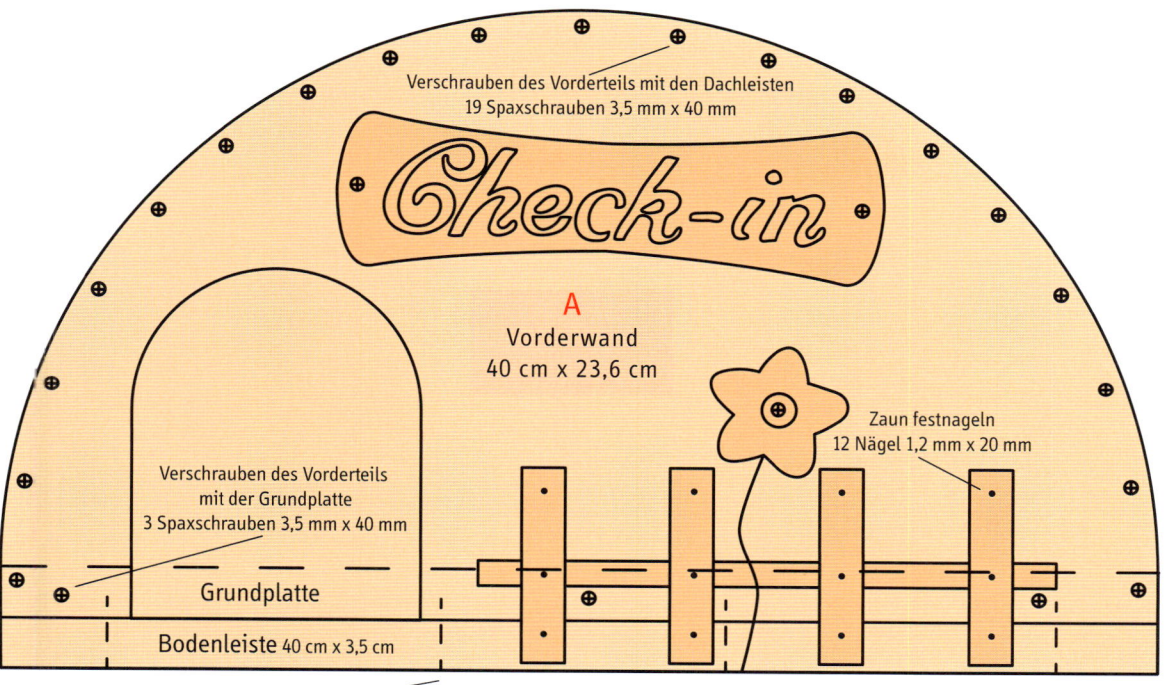

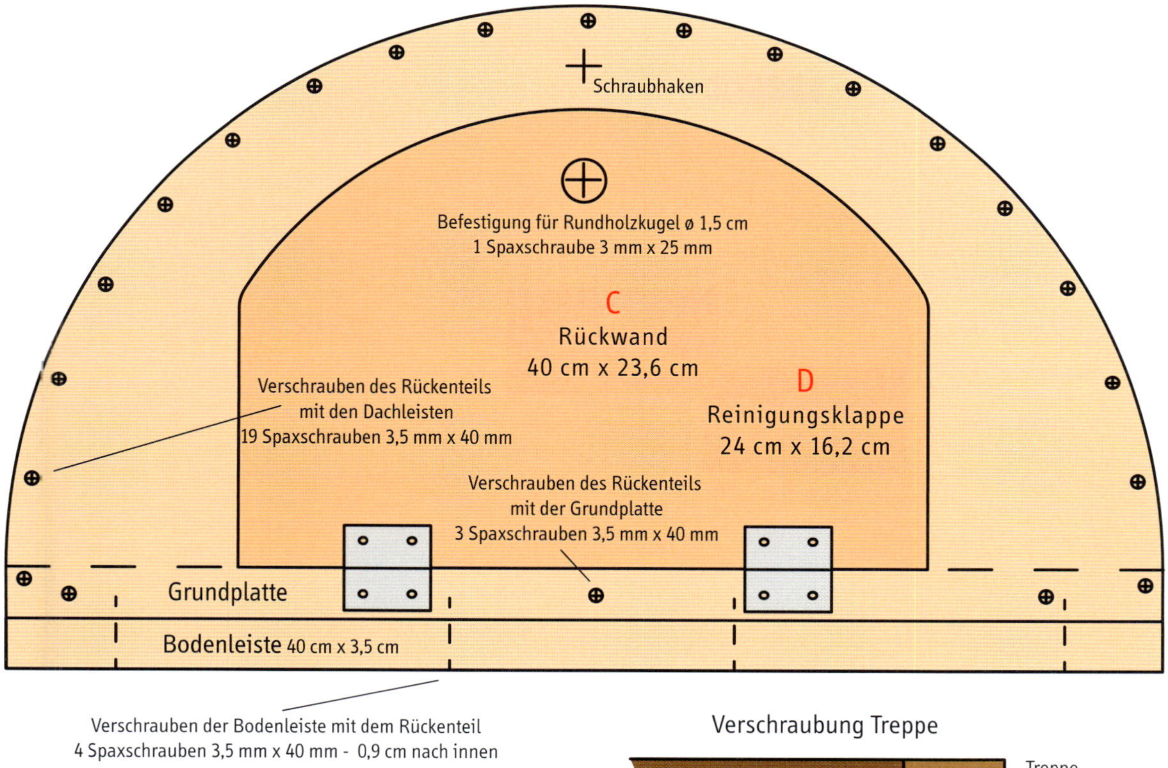

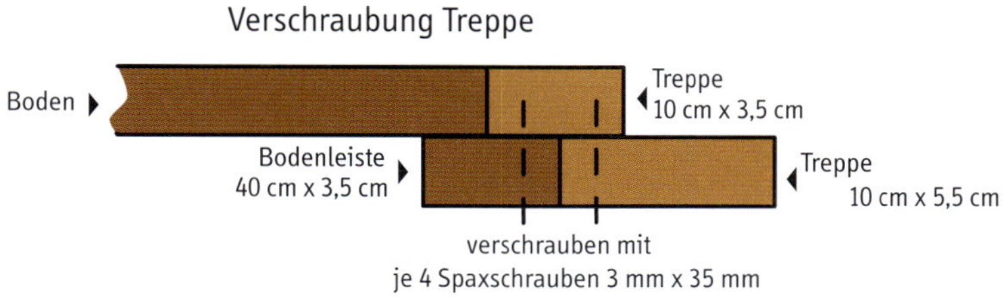

Eichhörnchen-Imbiss

SEITE 52–55

Vorlage bitte auf 300% vergrößern

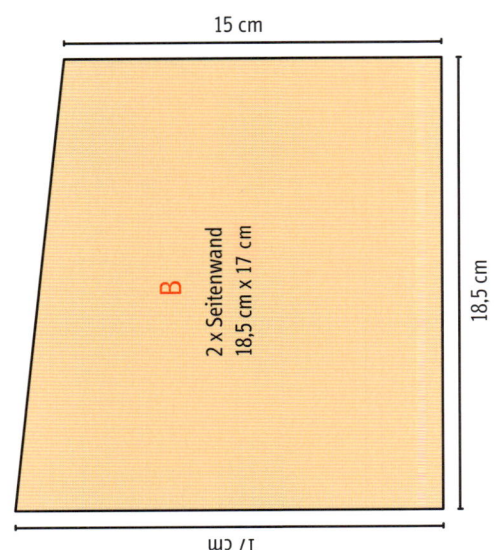
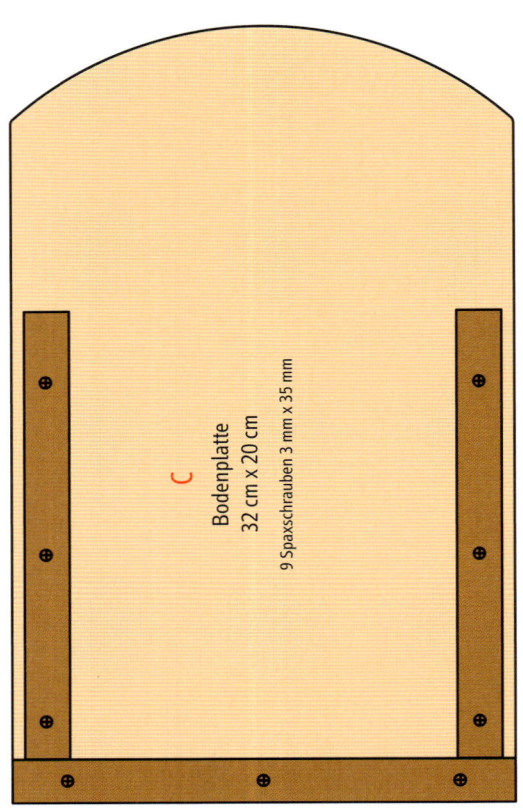

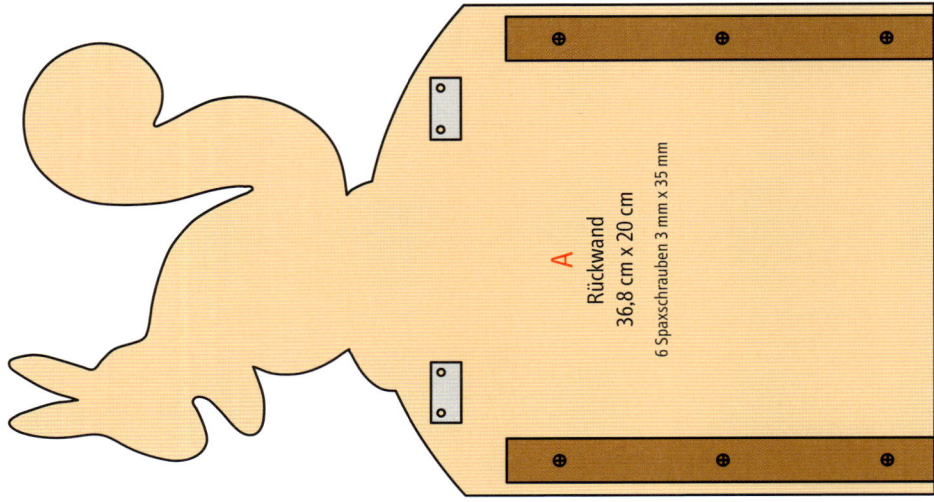

Gästehaus für Stachelbewohner
SEITE 56–59
Vorlage bitte auf 290% vergrößern

B + C
2 x Seitenwand (ohne Türausschnitt)
1 x Seitenwand (mit Türausschnitt)
31,4 cm x 30 cm

30 cm

25 cm

A Vorderwand
35 cm x 30 cm
6 Spaxschrauben 3,5 mm x 35 mm

Igel-Pension

Seitenwand · Zwischenwand · Seitenwand

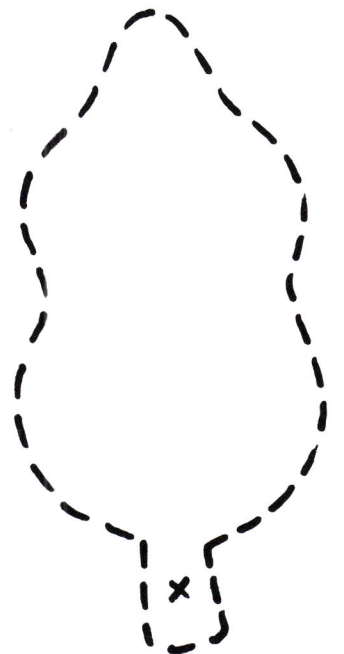

Leckerei zum Anbeißen
SEITE 90
Vorlage bitte auf 200% vergrößern

Gästehaus für Stachelbewohner
SEITE 56–59
Vorlage bitte auf 290% vergrößern

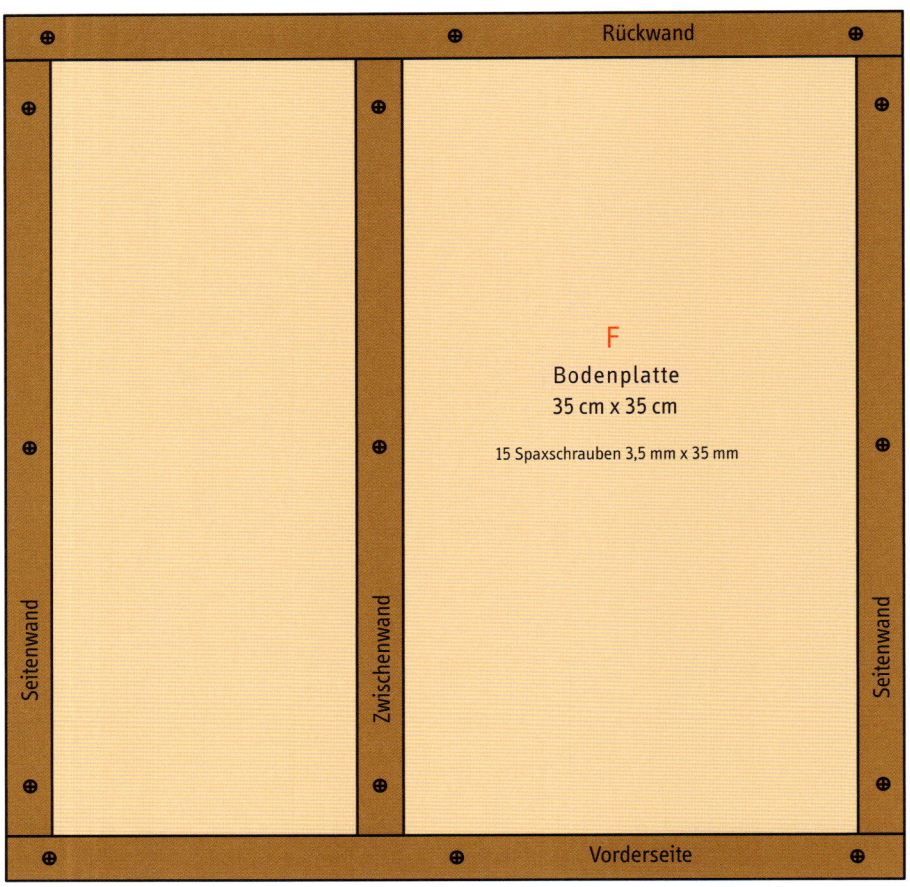

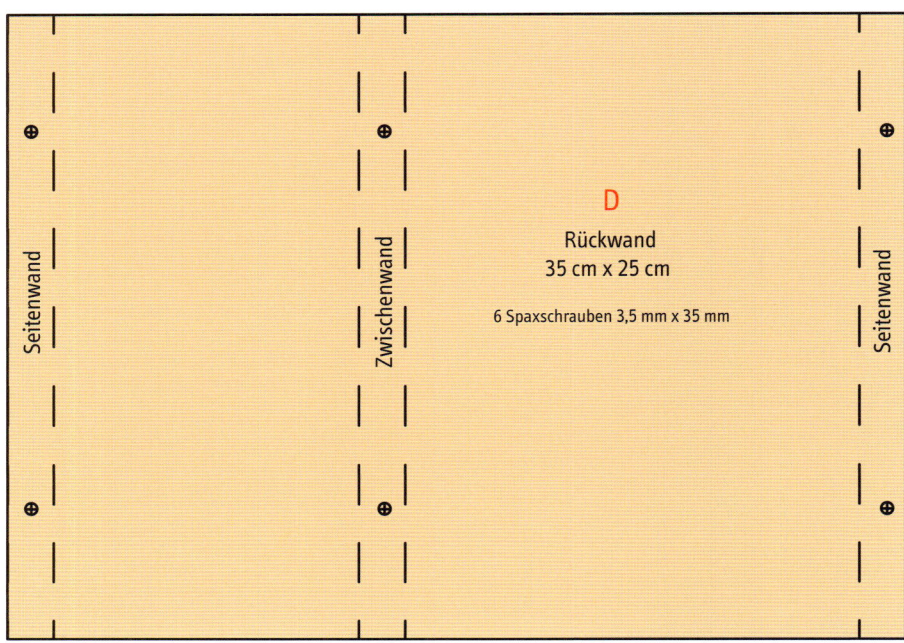

114

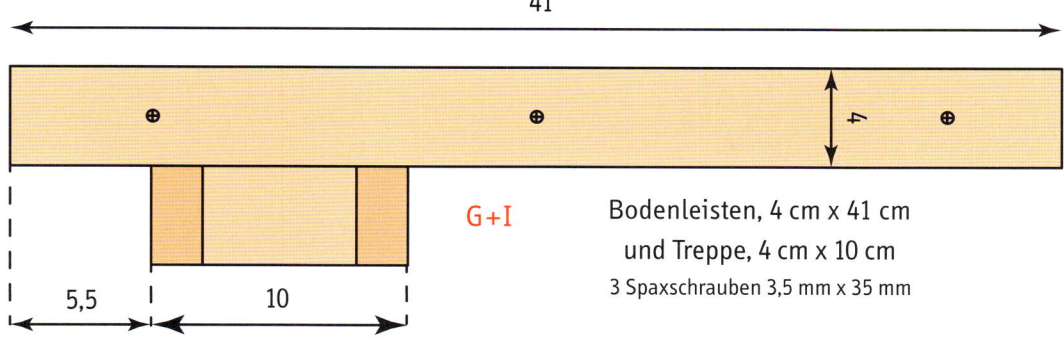

G+I

Bodenleisten, 4 cm x 41 cm
und Treppe, 4 cm x 10 cm
3 Spaxschrauben 3,5 mm x 35 mm

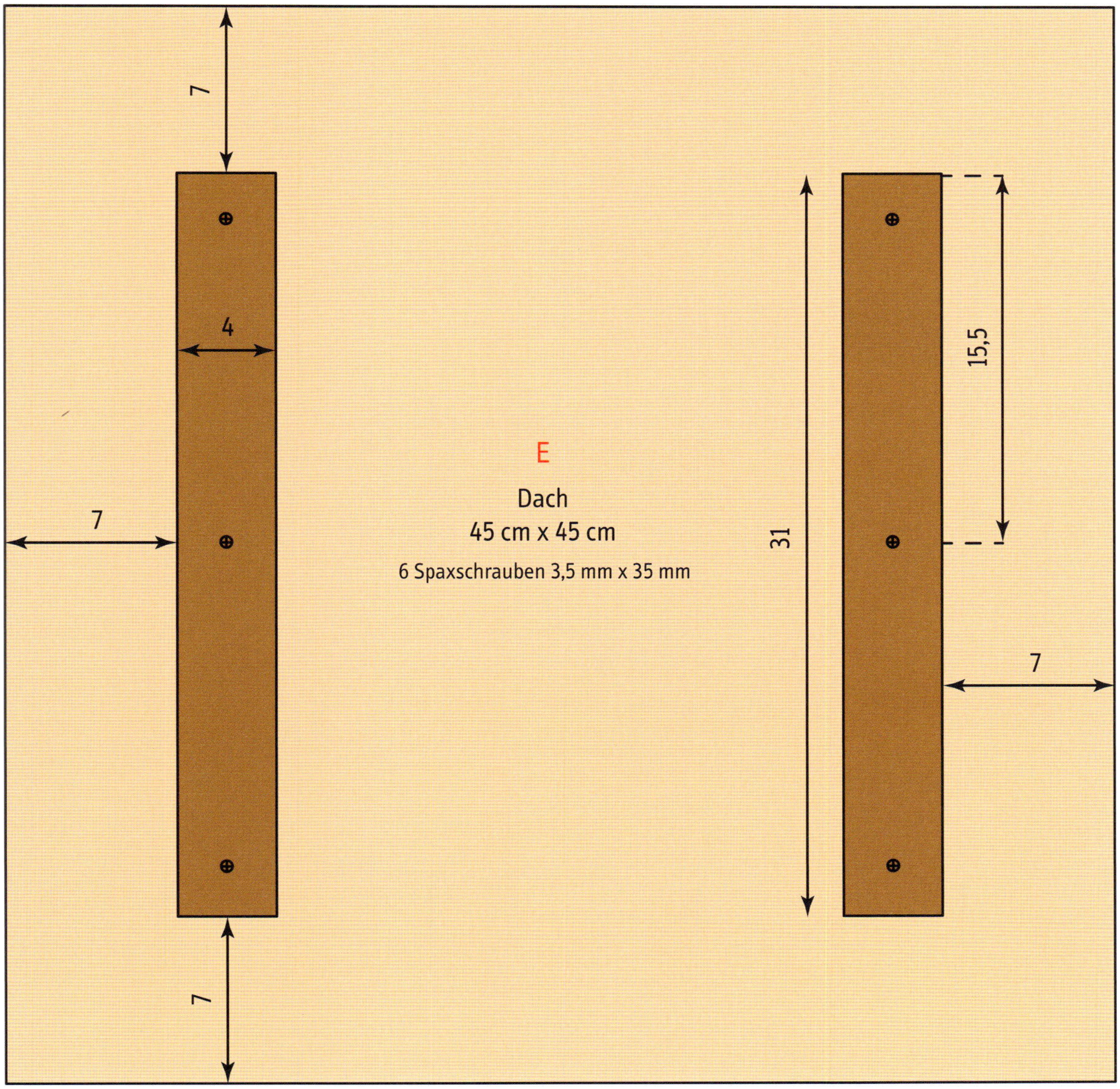

E
Dach
45 cm x 45 cm
6 Spaxschrauben 3,5 mm x 35 mm

Wohlfühlnest für den Nachwuchs
SEITE 62–65
Vorlage bitte auf 250% vergrößern

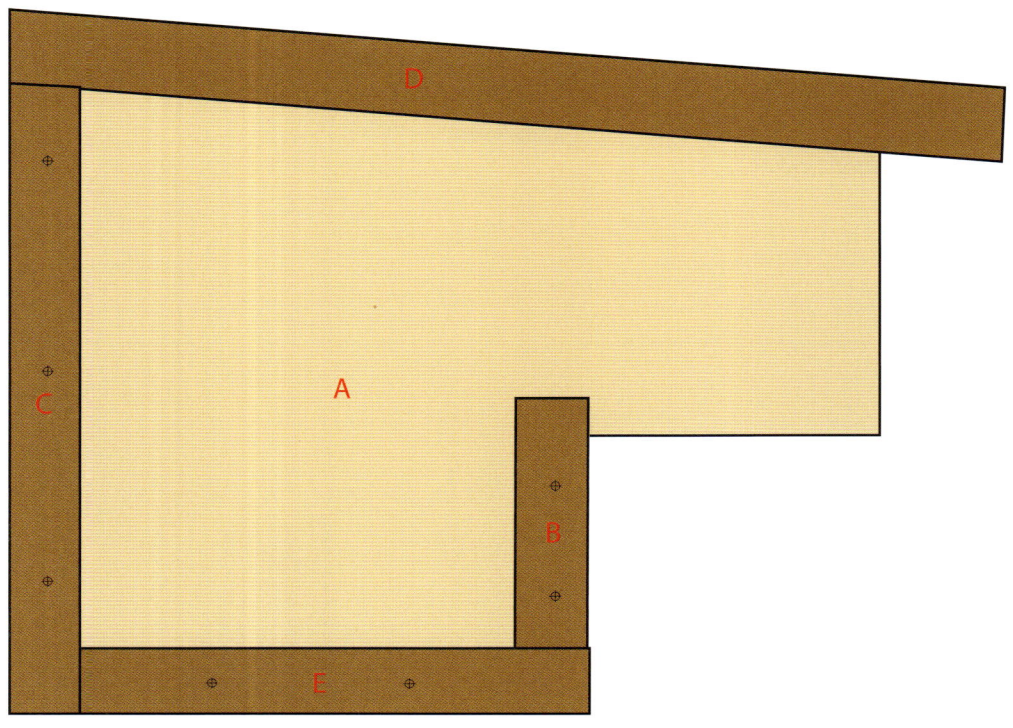

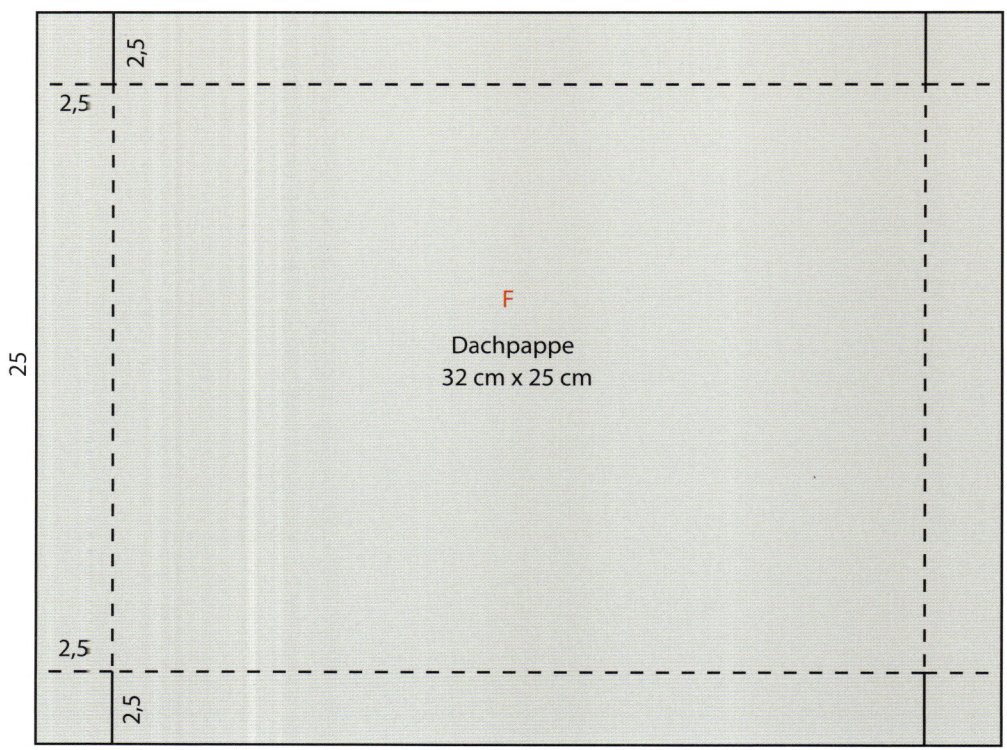

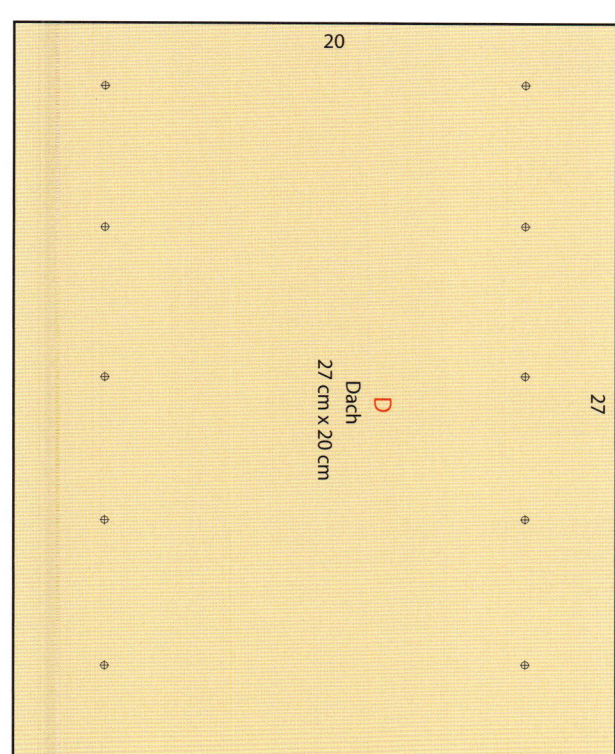
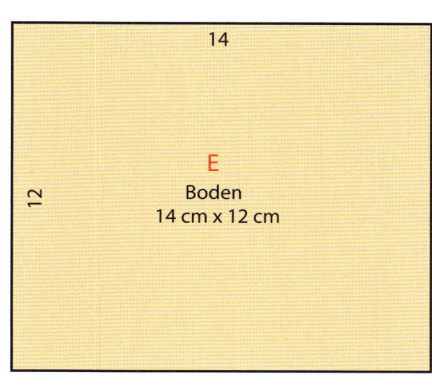
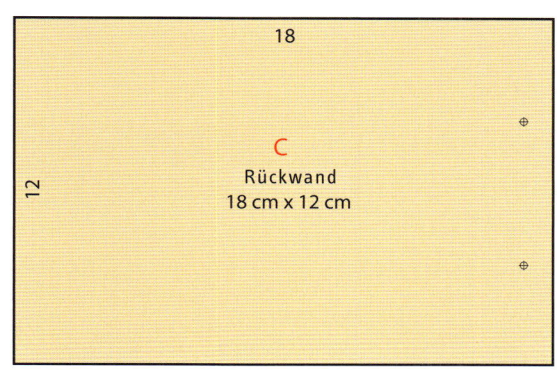
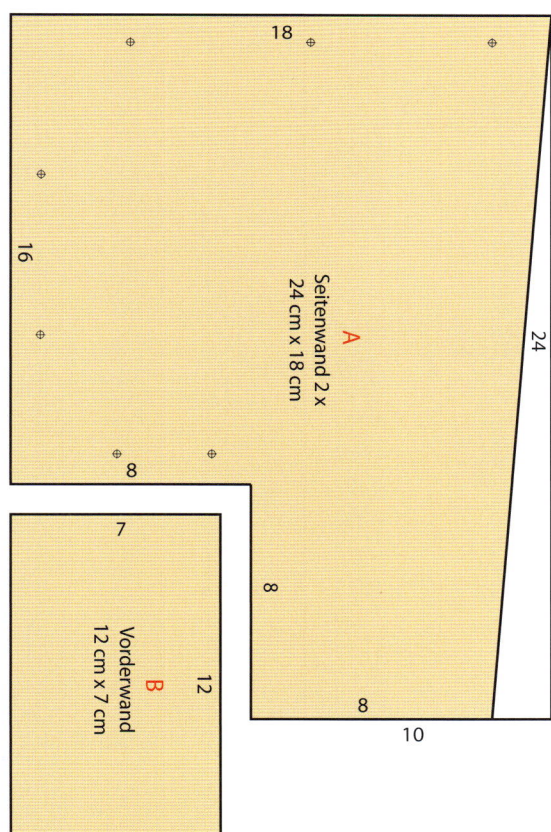

Höhlenbrüter-Domizil
SEITE 66–69
Vorlage bitte auf 330% vergrößern

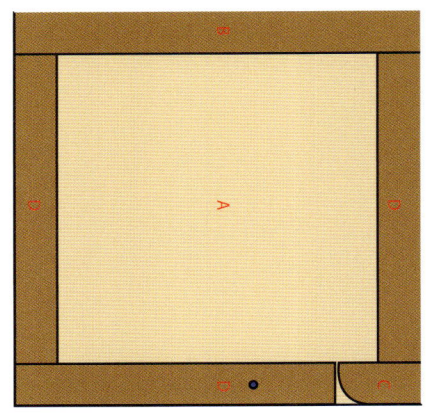
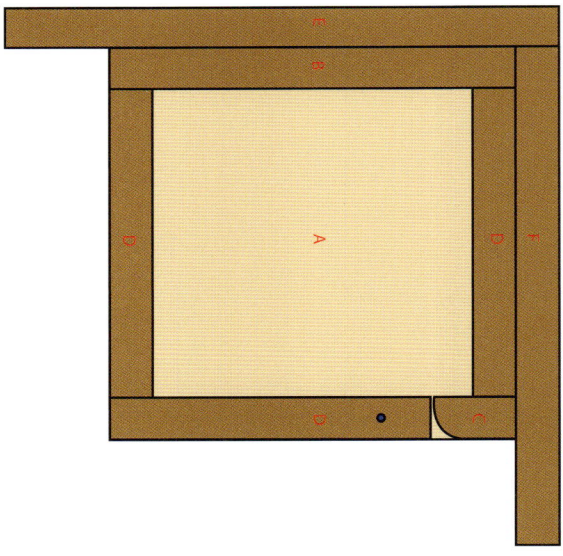
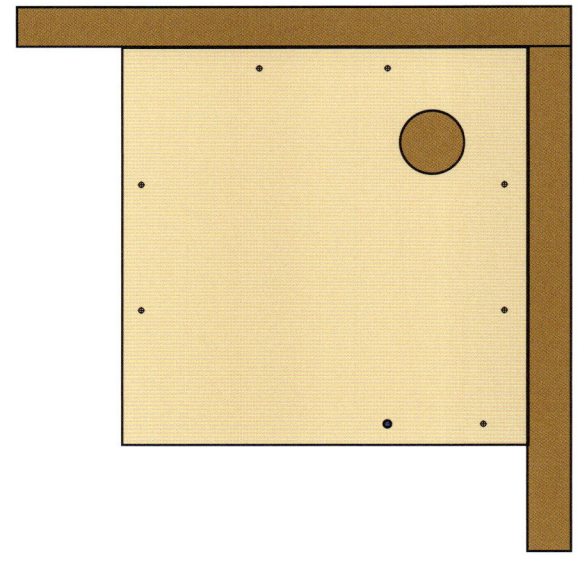

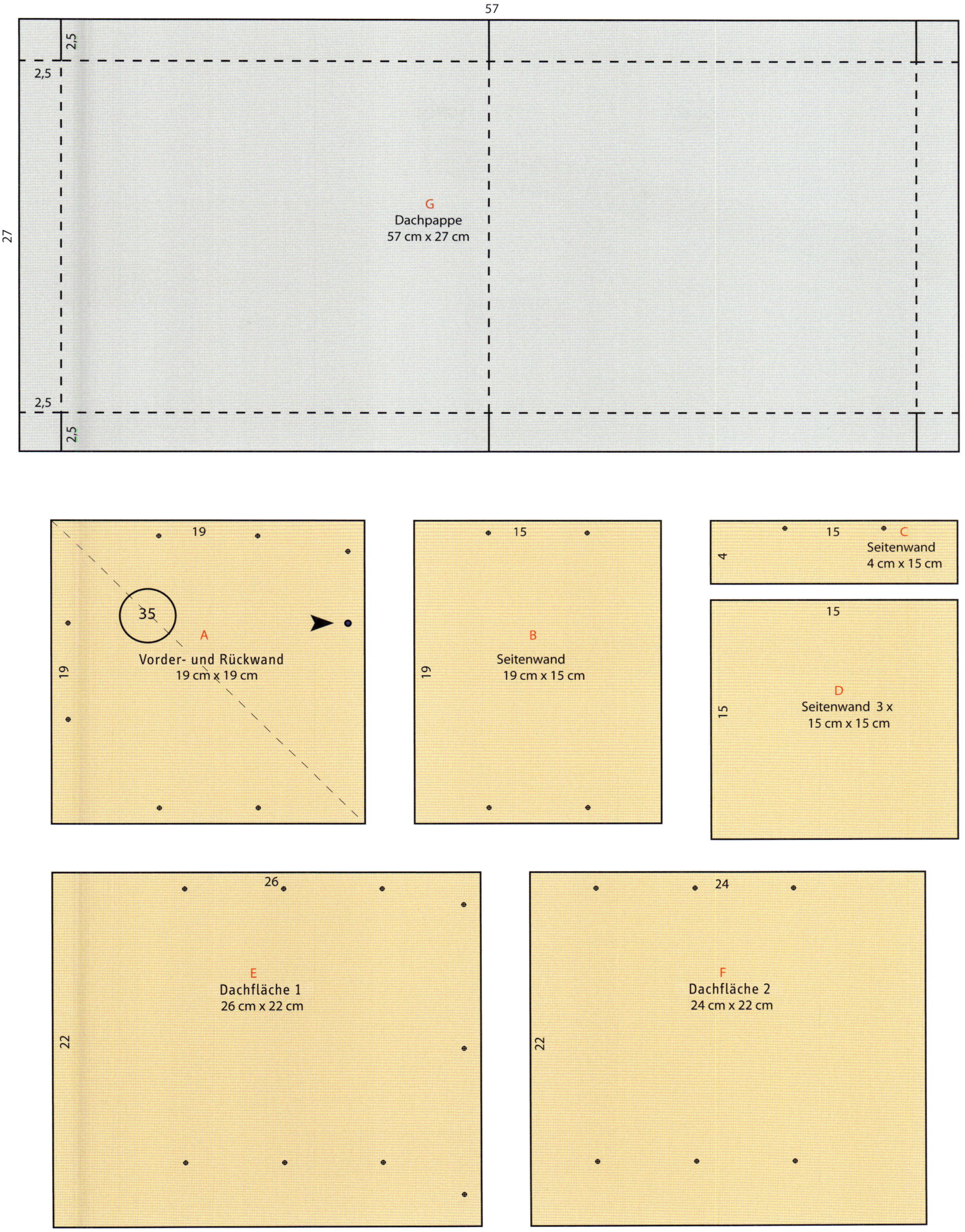
57
27
2,5
2,5
2,5
2,5
G
Dachpappe
57 cm x 27 cm
19
19
35
A
Vorder- und Rückwand
19 cm x 19 cm
15
19
B
Seitenwand
19 cm x 15 cm
15
4
C
Seitenwand
4 cm x 15 cm
15
15
D
Seitenwand 3 x
15 cm x 15 cm
26
22
E
Dachfläche 1
26 cm x 22 cm
24
22
F
Dachfläche 2
24 cm x 22 cm

Häuslichkeit für Nesthocker

SEITE 70–73

Vorlage bitte auf 280% vergrößern

Seitenansicht

Vorderwand mit Eingang

16

Ansicht von unten

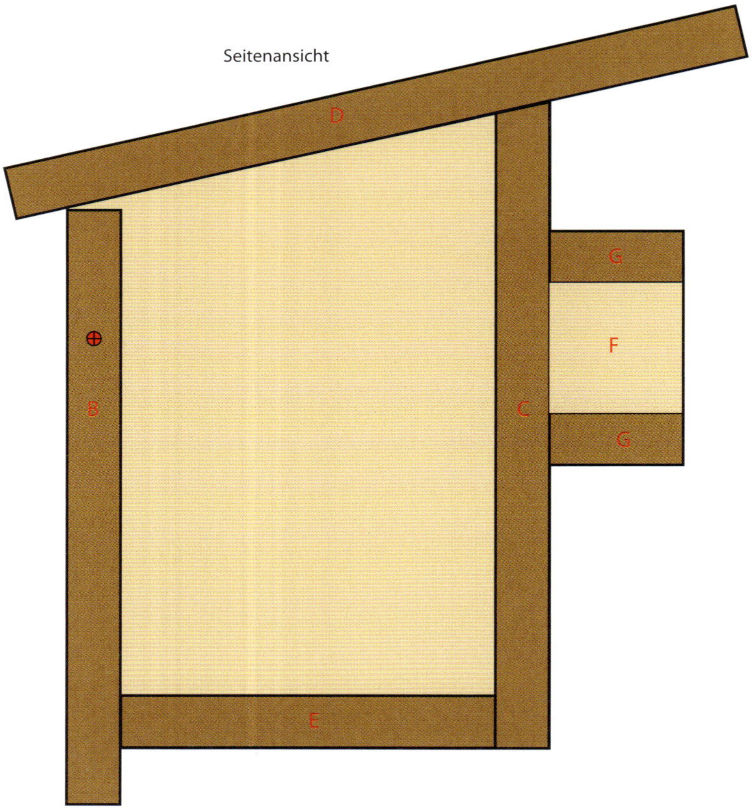

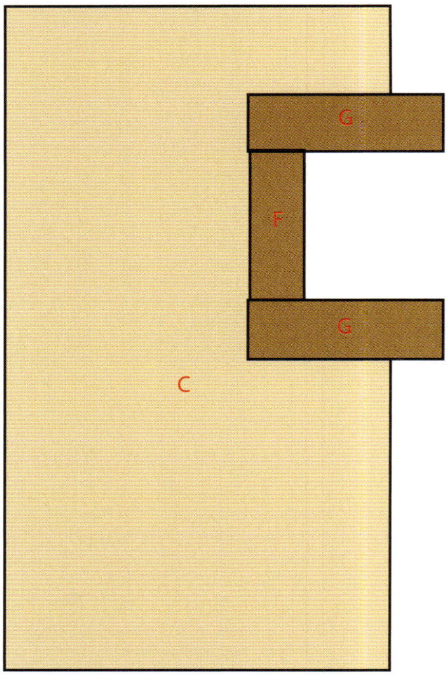

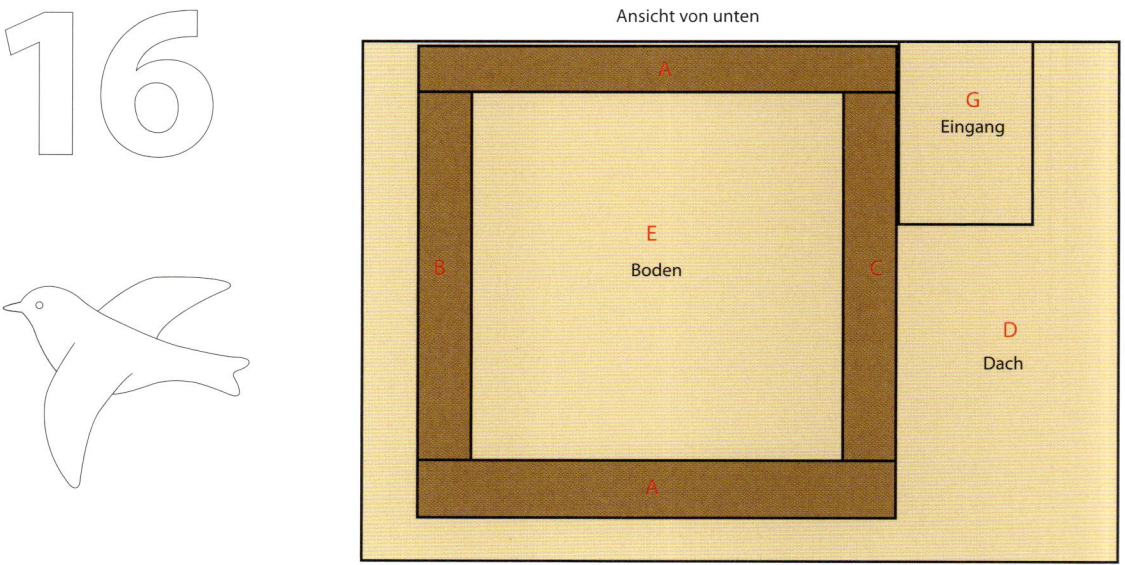

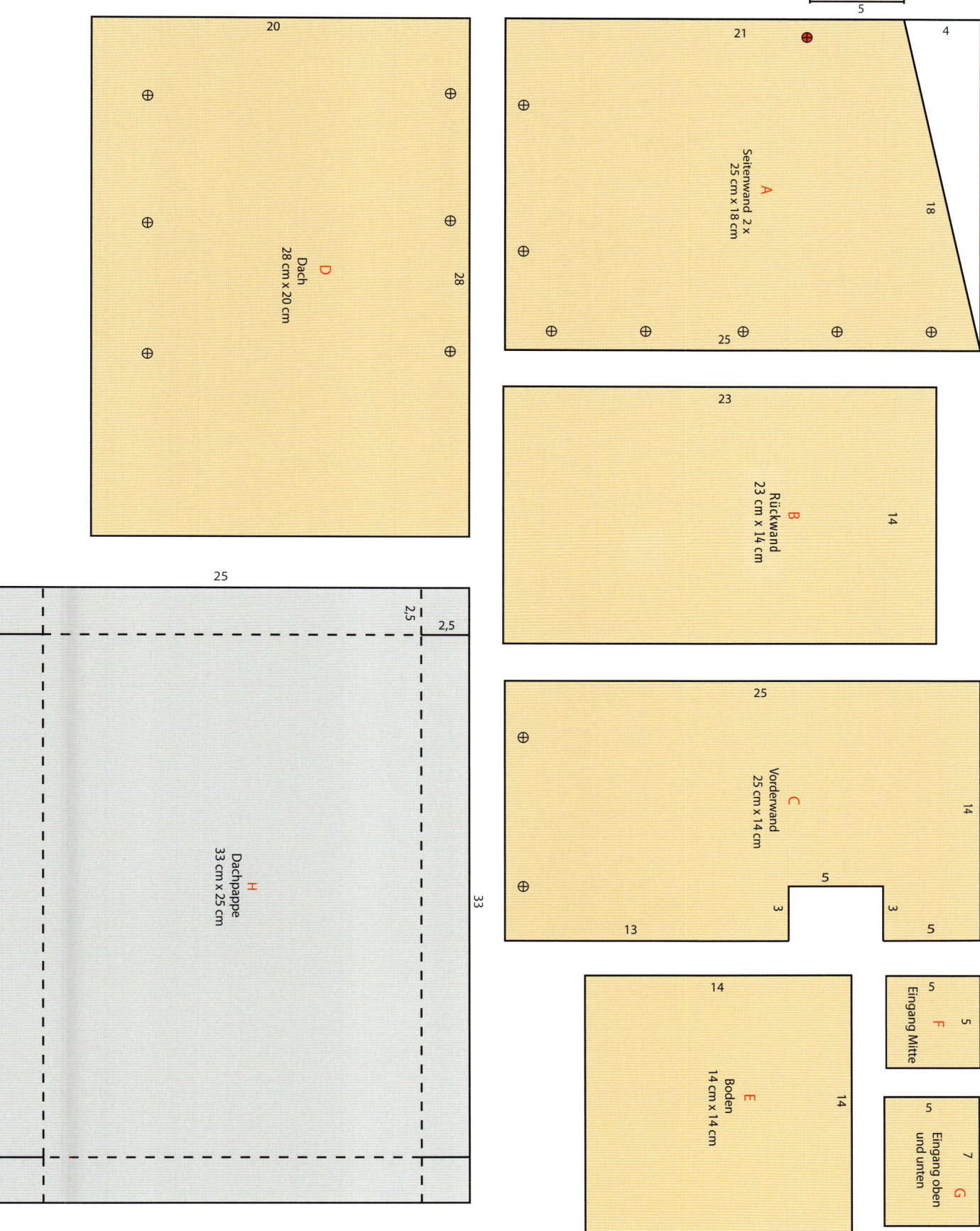

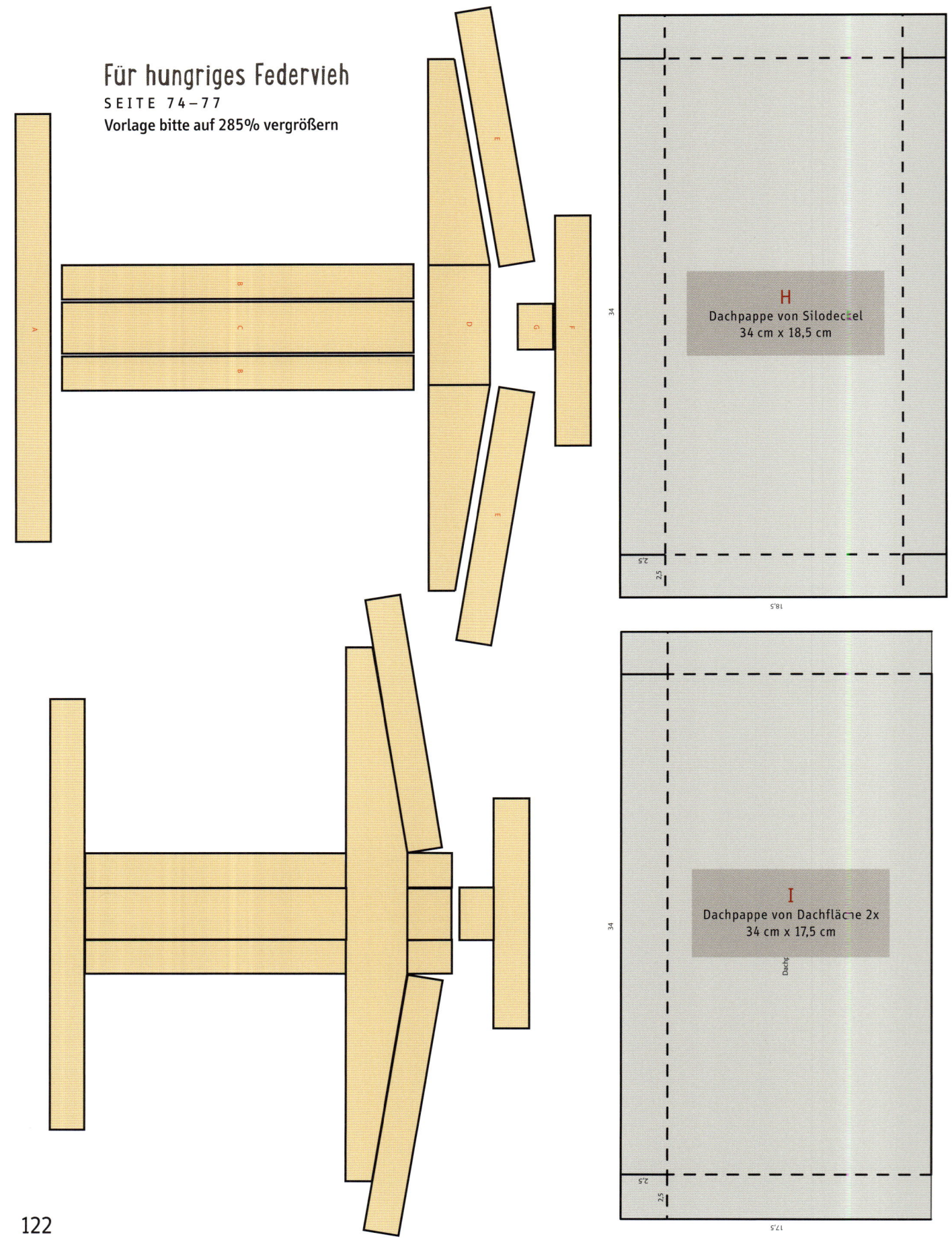

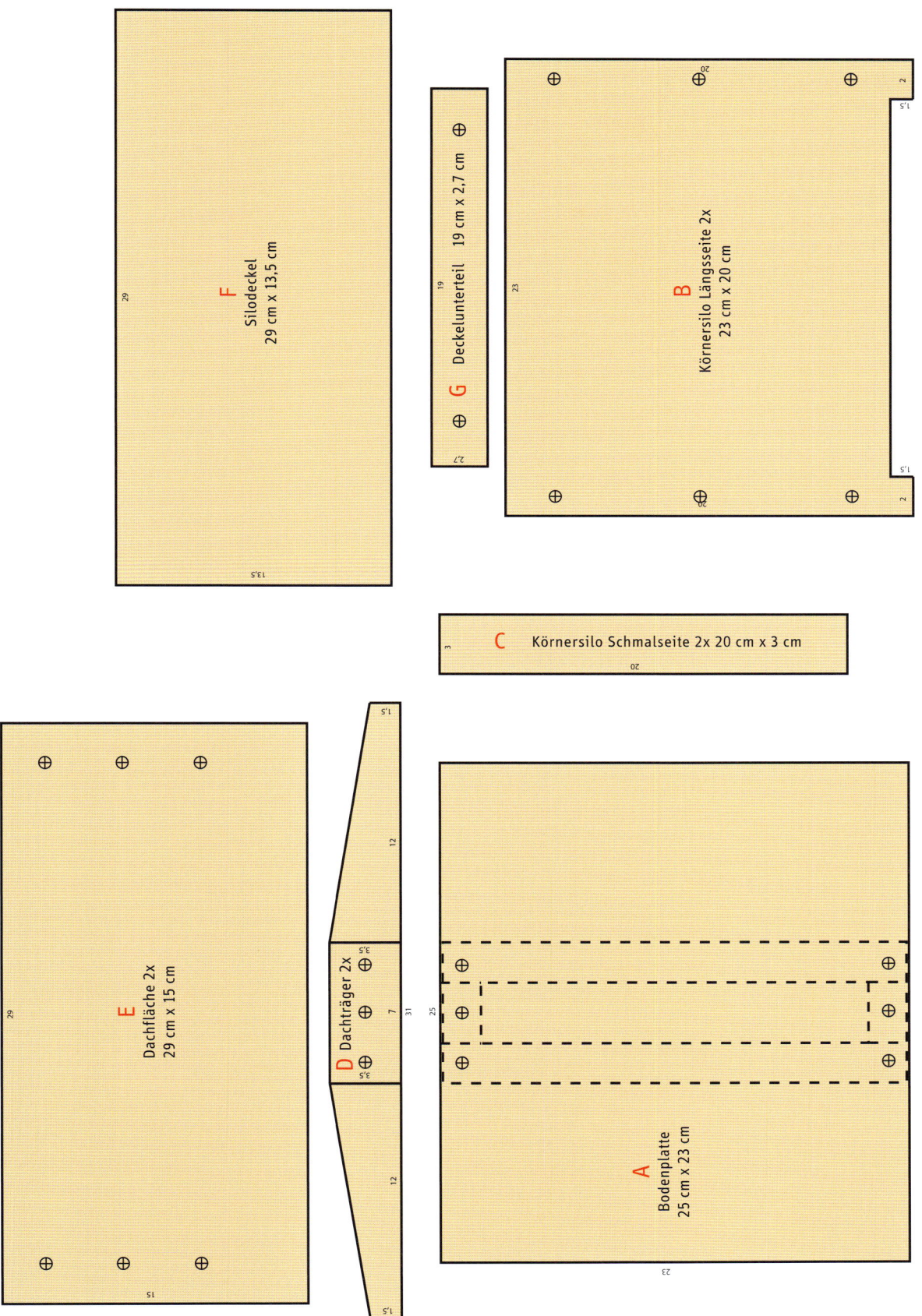

Vogel-Diner

SEITE 82–85

Vorlage bitte auf 115% vergrößern

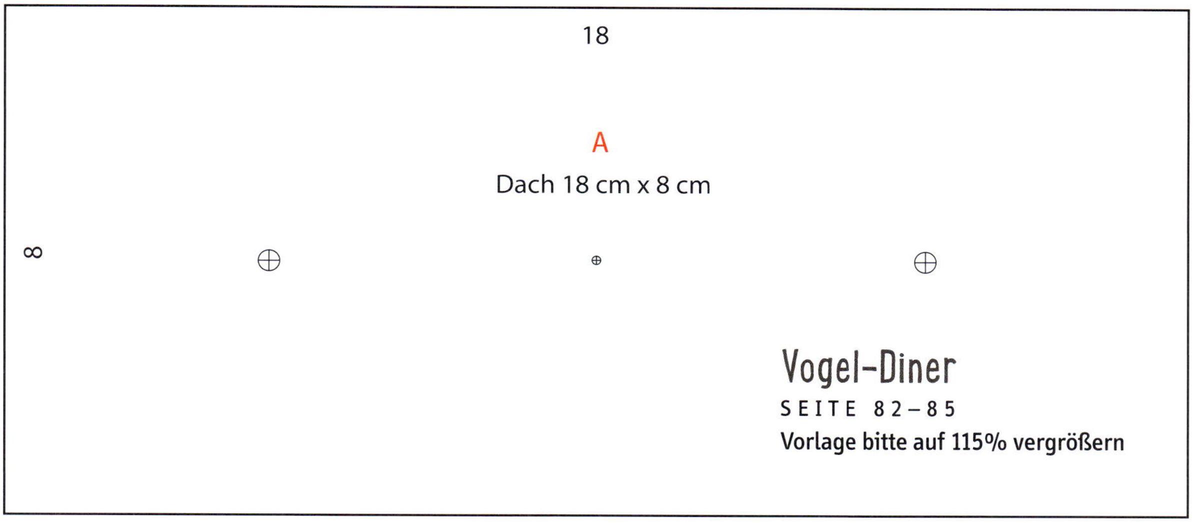
18
A
Dach 18 cm x 8 cm
8

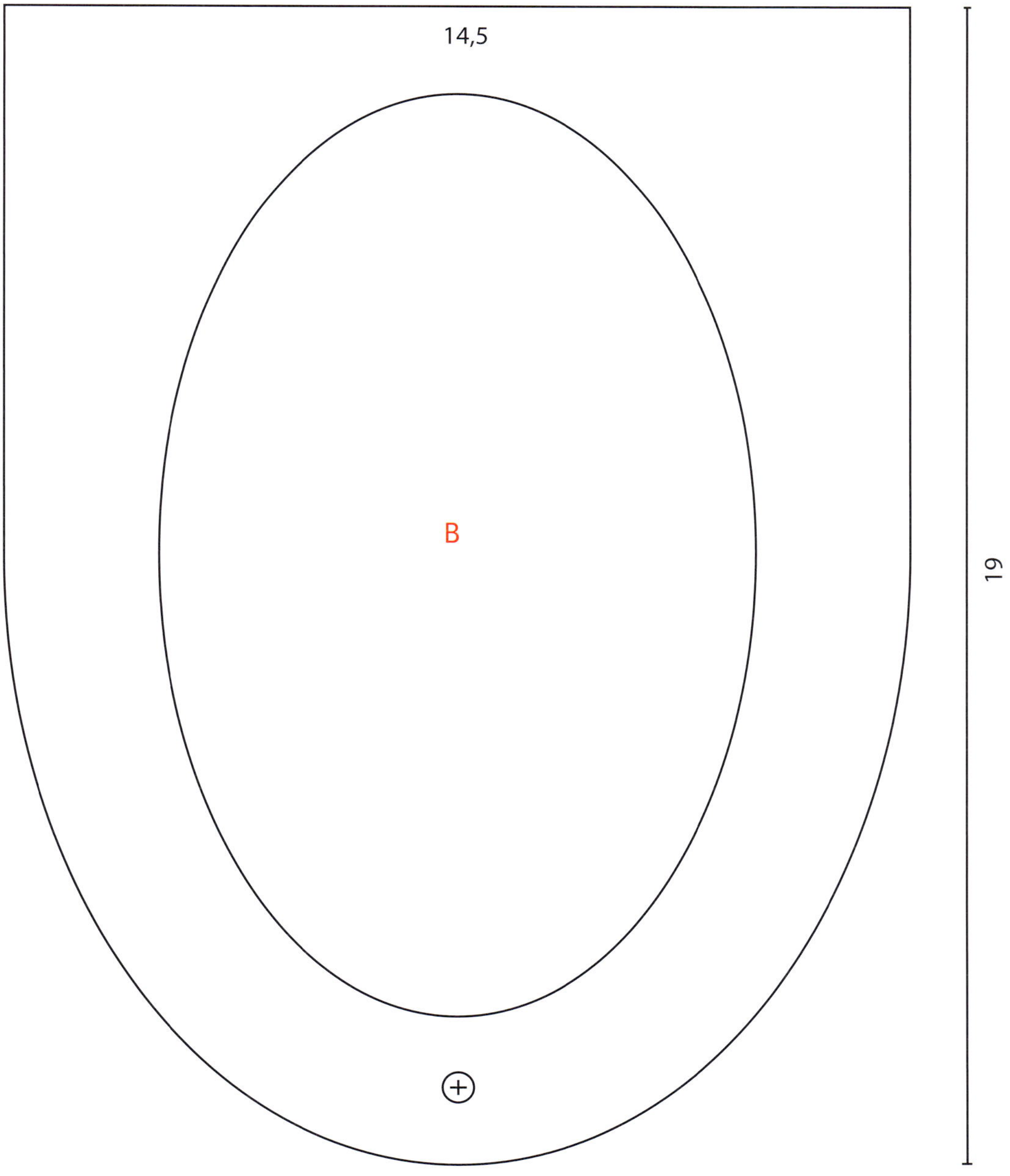
14,5
B
19

Buchempfehlungen für Sie

TOPP 5894-1
ISBN 978-3-7724-5894-1

TOPP 5340
ISBN 978-3-7724-5340-3

TOPP 7510-8
ISBN 978-3-7724-7510-8

TOPP 6392
ISBN 978-3-7724-6392-1

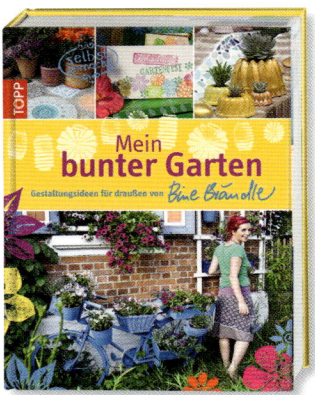

TOPP 5938
ISBN 978-3-7724-5938-2

TOPP 5972
ISBN 978-3-7724-5972-6

TOPP 7500
ISBN 978-3-7724-7500-9

TOPP 4029
ISBN 978-3-7724-4092-8

TOPP 4106
ISBN 978-3-7724-4106-6

TOPP 4156
ISBN 978-3-7724-4156-1

TOPP 4157
ISBN 978-3-7724-4157-8

TOPP 4161
ISBN 978-3-7724-4161-5

TOPP 5985
ISBN 978-3-7724-5985-6

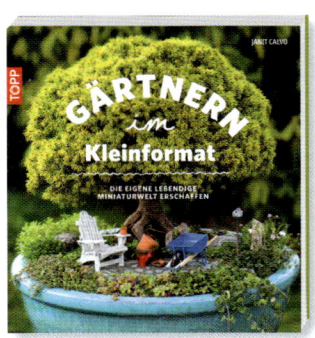

TOPP 7534
ISBN 978-3-7724-7534-4

TOPP 5971
ISBN 978-3-7724-5971-9

TOPP 4125
ISBN 978-3-7724-4125-7

TOPP 4158
ISBN 978-3-7724-4158-5

TOPP 4038
ISBN 978-3-7724-4038-0

DIE AUTOREN

Gudrun Schmitt wurde 1963 in Fulda geboren und hat vier, in der Zwischenzeit schon fast erwachsene Kinder. Sie hat schon immer gerne gemalt und gebastelt; das Vorbild waren die Eltern, die bis heute mit viel Freude und Fantasie kreative Dinge herstellen. Nach dem Schulabschluss erlernte sie den eigentlich unkreativen Beruf der Bankkauffrau. Nach der Geburt des ersten Sohnes flammte aber die Leidenschaft zum Basteln wieder auf. In den folgenden Jahren leitete sie Kinderkreativkurse und Seidenmalkurse in verschiedenen Familienbildungsstätten. 1998 erschien in Zusammenarbeit mit ihrer Schwester das erste Kreativbuch im frechverlag.

Armin Täubner lebt mit seiner Familie auf der Schwäbischen Alb und ist seit über 25 Jahren als ungemein vielseitiger Autor für den frechverlag tätig. Eigentlich ist er Lehrer für Englisch, Biologie und Bildende Kunst. Durch seine Frau, die unter ihrem Mädchennamen Inge Walz noch heute Bücher zu den verschiedensten Techniken im frechverlag veröffentlicht, kam der Allrounder zum Büchermachen. Zweifelsohne ein Glücksfall für die kreative Welt! Es gibt fast kein Material, das Armin Täubners Fantasie nicht beflügelt, und kaum eine Technik, die er sich nicht innerhalb kürzester Zeit angeeignet hat. Sein liebstes Material ist und bleibt aber Papier.

Kreativ-Hotline

Hilfestellung zu allen Fragen, die Materialien und Bücher zu kreativen Hobbys betreffen: **Frau Erika Noll** berät Sie. Rufen Sie an oder schreiben Sie eine E-Mail!

Telefon: 0 50 52 / 91 18 58*
*normale Telefongebühren
E-Mail: mail@kreativ-service.info

Impressum

MODELLE UND SCHRITTFOTOS:
Gudrun Schmitt (Seite 16-19, 20-25, 26-29, 30-33, 40-43, 48-51, 52-55, 56-59, 88-89, 90-91, 92-93) und Armin Täubner (Seite 34-37, 44-47, 62-65, 66-69, 70-73, 74-77, 78-81, 82-85, 86-87, 94-95)
PROJEKTMANAGEMENT UND LEKTORAT: Anna Burger
MODELLFOTOS: frechverlag GmbH, 70499 Stuttgart; lichtpunkt, Michael Ruder, Stuttgart
LAYOUTENTWICKLUNG: Katrin Kleinschrot, Stuttgart
LAYOUT: Susanne Dornes, Stuttgart
ZEICHNUNGEN: Ursula Schwab (Seite 96-97, 98-100, 100-101, 102-103, 106-107, 110-111, 112, 113-115) und Armin Täubner (Seite 104-105, 108-109, 116-117, 118-119, 120-121, 122-123, 124-125
DRUCK UND BINDUNG: Livonia Print, SEA, Lettland

Materialangaben und Arbeitshinweise in diesem Buch wurden von den Autoren und den Mitarbeitern des Verlags sorgfältig geprüft. Eine Garantie wird jedoch nicht übernommen. Die Autoren und der Verlag können für eventuell auftretende Fehler oder Schäden nicht haftbar gemacht werden. Das Werk und die darin gezeigten Modelle sind urheberrechtlich geschützt. Die Vervielfältigung und Verbreitung ist, außer für private, nicht kommerzielle Zwecke, untersagt und wird zivil- und strafrechtlich verfolgt. Dies gilt insbesondere für eine Verbreitung des Werkes durch Fotokopien, Film, Funk und Fernsehen, elektronische Medien und Internet sowie für eine gewerbliche Nutzung der gezeigten Modelle. Bei Verwendung im Unterricht und in Kursen ist auf dieses Buch hinzuweisen.

1. Auflage 2015

© 2015 **frechverlag** GmbH, 70499 Stuttgart

ISBN 978-3-7724-7502-3 • Best.-Nr. 7502